JN128438

神秘の幻覚植物体験記

中南米サイケデリック紀行

フリオ・アシタカ

彩図社

ナタリアの儀式で食べた、煮物のような味付けのキノコ（メキシコ）

荒地で２回目に食べたペヨーテ（メキシコ）

アヤワスカの儀式で使用された３種の神器。右からアヤワスカ、マパチョ、扇子（ペルー）

アヤワスカを煮詰めた蔓。バニステリオプシス・カーピ（ペルー）

イキトスの遊歩道から見える景色（ペルー）

アマゾン川の支流（ペルー）

ベレン市場の裏にあるスラム（ペルー）

アマゾン川の支流付近にある小さな村（ペルー）

聖なる谷にいた民芸品を作る女性（ペルー）

漢方薬などを売る女性（ペルー）

アンデスのシャーマンと歩いた登山道（ペルー）

聖なる谷からモライ遺跡に向かう途中（ペルー）

首都キトの夜景（エクアドル）

首都ラパスの夜景（ボリビア）

神秘の幻覚植物体験記
～中南米サイケデリック紀行～

フリオ・アシタカ

彩図社

はじめに

含有する化学成分によって、摂取した人間の知覚に様々な変化をもたらすという幻覚植物。世界ではこれまで数多くの種類の幻覚植物が確認されているが、そのメッカと言えるのが中南米だろう。

日本でもかつて流行し、幻覚植物の代名詞的な存在となった「マジックマッシュルーム」。LSDの100倍もの強さがあるとも言われる「アヤワスカ」。

メスカリンという幻覚成分を含む幻覚サボテン「サンペドロ」「ペヨーテ」。

メキシコやペルーといった国々では、自生するそれら幻覚植物を使ったシャーマンによる儀式がいまでも行われている。

私がそのことを知ったのは、今から10年ほど前にさかのぼる。

アメリカの作家、ウィリアム・バロウズとビートニクの詩人、アレン・ギンズバーグの共著『麻薬書簡』、アメリカの人類学者、カルロス・カスタネダの『呪術師と私—ドン・ファンの教え』、そしてオルダス・ハスクレー『知覚の扉』などを読んでいるうちに、この世には多種多様な幻覚植物があり、その作用によって訪れることができる現実とは違う「ビジョン」と呼ばれる世界があることを知った。以来、私はいつの日か中南米を旅し、それら幻覚植物を体験し、「ビジョン」を観たいと考えるようになったのだ。

転機になったのは、大学の卒業だった。

サンフランシスコの美術大学で写真を学んでいた私は、卒業後、レンタカーを借りてアメリカ横断旅行にでかけた。西海岸から東海岸へ、東海岸から再び西海岸へ。1ヶ月にもわたる横断旅行は、私に旅の喜びや楽しみを教えてくれた。そして、日本に一時期帰国中、私はかねてからの夢をかなえるために、中南米旅行を決意する。

山奥の村やジャングル、山岳地帯など、シャーマニズムの伝統がいまなお色濃く残る地域を訪ね歩く。そして各地で幻覚植物を使った儀式を受けて、内なるビジョンを探していく。いうなれば、中南米サイケデリック紀行である。

旅は2016年11月に始まり、途中、一時帰国を挟んで1年近くに及んだ。

初めに向かったのはメキシコのオアハカ州の山奥にある「ウアウトラ」というシャーマンの住む村で、私は3人のシャーマンに出会い、マジックマッシュルームの儀式を受けた。アマゾンのジャングルでは人生観を変えるほど強烈な「ビジョン」が見れるというアヤワスカを飲んできた。標高

３０００メートルを超える山岳地帯では、アンデス山脈に住むシャーマンの儀式を受けてきた。この旅の最終目的地となったメキシコのレアル・デ・カトルセ近郊の荒地では、幻覚サボテンを摂取したあとに究極の幻視体験をすることになった。

本書は、その旅の中で私が垣間見た「ビジョン」の体験記である。

「ビジョン」がどういうものであるか。その本質を言葉で表すのは難しい。単なる幻聴や幻覚とはまったく種類が違う。あえて説明すれば、本来そこにないはずの、いるべきではないものが実体に限りなく近い実感を伴って現れる――そういう世界だと言えばいいだろうか。

「ビジョン」は人それぞれ、見え方や捉え方が違う。が、少しでも参考になればと思い、私が体験した世界は可能な限り描写したつもりだ。

現実世界と平行線上にあるもう一つの異質な世界「ビジョン」。

本書が未知なる世界への指標になれば幸いである。

［神秘の幻覚植物体験記～中南米サイケデリック紀行～　目次］

【第三章】穏やかなインカの恵み サンペドロ ……137

～クスコ（ペルー）

※おことわり
本書は2016年11月からおよそ1年をかけて行った取材をもとに書かれています。儀式の費用や内容などは、社会情勢の影響で変更になる可能性がございますことをご了承ください。

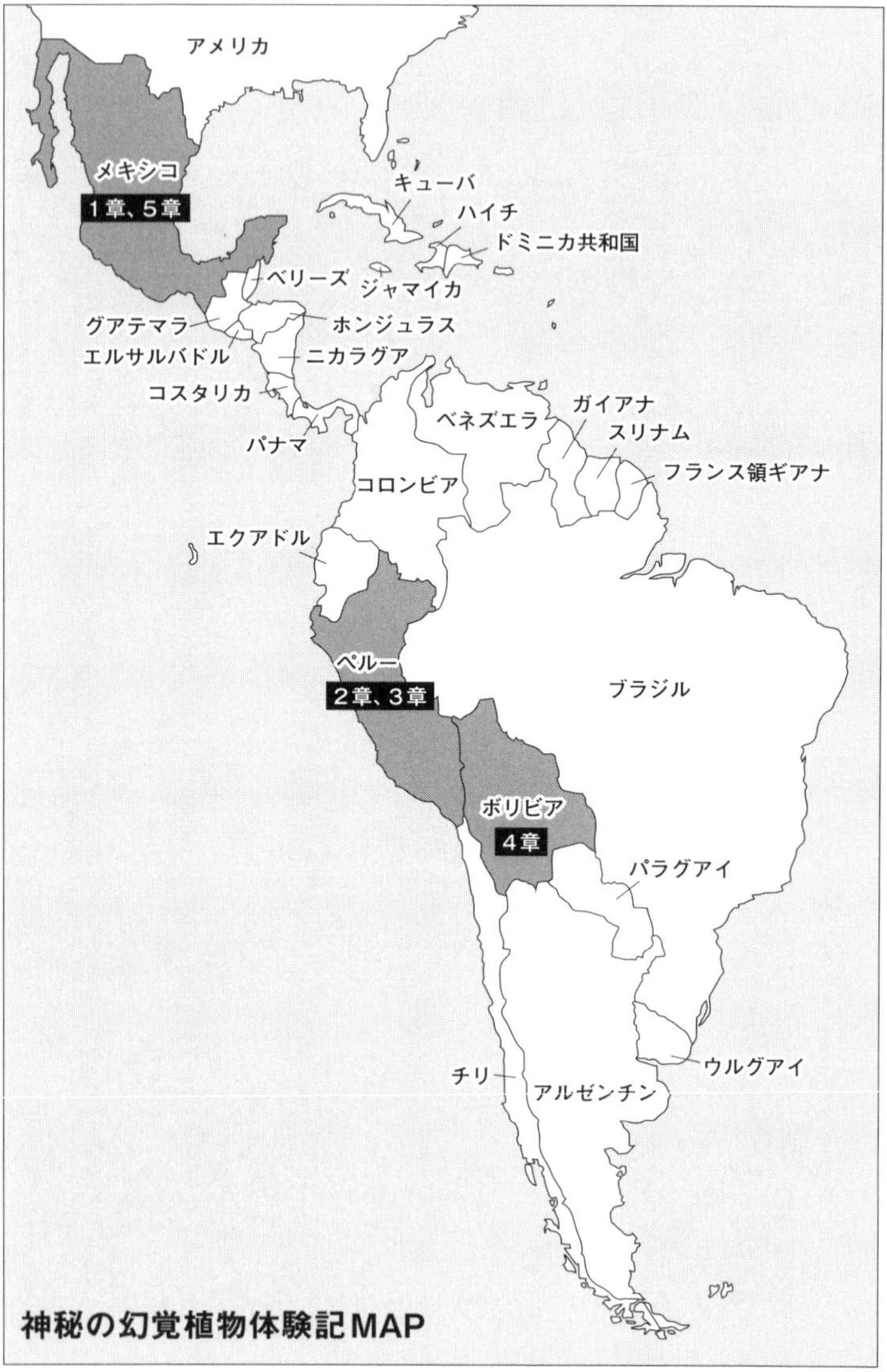

アメリカ
メキシコ
1章、5章
キューバ
ハイチ
ドミニカ共和国
ベリーズ
ジャマイカ
グアテマラ
ホンジュラス
エルサルバドル
ニカラグア
コスタリカ
パナマ
ベネズエラ
ガイアナ
スリナム
フランス領ギアナ
コロンビア
エクアドル
ペルー
2章、3章
ブラジル
ボリビア
4章
パラグアイ
ウルグアイ
チリ
アルゼンチン
神秘の幻覚植物体験記MAP

【第一章】

聖なるキノコ マジックマッシュルーム

～ウアウトラ（メキシコ）

闇の中でゆらゆらと揺れる蝋燭の炎。炎は右に揺れ、左に揺れを繰り返す。不規則に揺れ動く炎はやがて鳥の姿に変貌して羽ばたいていくと、音のない雨をほうふつとさせる火の粉が降り注いだ。

暗闇に覆われると、ガタガタと小刻みに揺れる振動で目を覚ました。

先ほどまではメキシコのポップミュージックがかかっていたが、いつの間にかサルサミュージックが大音量でスピーカーから流れている。山の稜線に沿って風を切り裂くように進むバス。車体は右に揺れ、左に揺れを繰り返し山道を登っていく。

山を上がっていくと樹木の隙間から集落が広がっているのが目に入った。ずいぶんと高地まで上がってきたようで、麓の村がジオラマのように見える。山を越えると平地になり、民家がぽつり、ぽつりと点在している。再び木々が生い茂る山道を登っていくと、ウアウトラまで残り数キロという標識が目に入った。

メキシコ・オアハカ州のウアウトラというシャーマンたちが住む村にもうすぐ到着する。

ウアウトラ周辺にはマジックマッシュルームが自生しており、良質のキノコを食べることができると言われている。1960年代にはマリア・サビーナという有名なシャーマンが住んでおり、多くの若者たちが彼女の儀式を受けにウアウトラを目指した。中米のマジックマッシュルームといえば「ウアウトラ」と言っても過言ではないほど、一部の人たちの中で聖地化されている。

マジックマッシュルームとは、シロシビンやシロシンといった幻覚成分を含んだキノコの総称だ。

キノコを食べると強い幻覚が現れると言われている。日本では１９９９年ごろから一部でブームになり、２００２年に規制された。ドラッグに寛容なイメージのあるオランダでも２００８年に規制を受けている。しかし、ウアウトラでは、古くから民間療法としてマジックマッシュルームを使った儀式が行われている。

シャーマンは神と交信することができる呪術師のような存在だ。その役割は様々で、幻覚植物を使って儀式を行うシャーマンもいれば、薬草を使って医者の代わりをするシャーマンもいる。私がこれから会いにいくのは、マジックマッシュルームを使用した儀式を行うのに特化したシャーマンである。

映画に出たシャーマン・ナタリア

ウアウトラに来てから目覚めのいい朝を迎えた。

窓の外に広がる山の峰を眺め、山の斜面に建っている家々を眺める。部屋の窓を開けっぱなしにしていると、市場の方角からトルティーヤに包まれた食材の匂いが流れてくる。ホテルの前の通りでは、信号がない代わりに警察が交通整理をしており、村人たちは道路を渡るタイミングを見計らっているところだ。ウアウトラの人口は約3万人程度だが、村の中心地は村人たちが行き交い賑わっている。

ウアウトラに来て3日が経った。

いよいよ儀式を受ける決意が固まってきたので、軽めの朝食を探しに市場に向かうことにした。宿のフロントデスクの正面にある壁にはマリア・サビーナの肖像が飾ってあり、その横にはマジックマッシュルームの写真やイラストなども貼ってある。ホテルの外に出ると、村の中を走るタクシーのドアにはキノコのイラストが描かれており、商店の看板にもキノコのシンボルが描かれているのを度々目にする。マジックマッシュルームで村興しと言っても大袈裟ではないほど、この村ではキノコに関するイラストや写真などをよく見かける。

村のメイン通り沿いにある商店でパンを購入すると、市場の正面にある広場に移動した。階段に腰を下ろしてパンをかじっていると、50代くらいの痩せた男が向かってくるのが目に入った。男は私の横に座ると「やぁー。アミーゴ」と言って握手を求めてきた。

男の手は皮が分厚く長年力仕事をしてきた職人のような手をしている。

「あんたどこから来た? ハポン（日本）か?」と男は聞いてきたので、私はそうだと答えた。

男は顔をニヤつかせると、「マジックマッシュルームの儀式に興味ないか?」とスペイン語訛りのある英語で尋ねてきた。

ホテルの屋上からの景色

「今日？」

「そうだ。儀式の値段は１２００ペソ（1ペソ約6円）。もし部屋に泊まるなら一泊50ペソだ」

私は男の申し出を丁重に断った。

実は私には目当てのシャーマンがいる。ウアウトラにきたのは、そのシャーマンの儀式を受けるためだったのだ。そのことを男に伝えると、市場の人混みに呑まれるようにして姿を消した。私は食べ残しのパンをちぎって鳩に与えると、煙草を一本ふかしてからホテルに戻った。

部屋の中で散らかっている荷物をバックパックに詰め込むと、チェックアウトを済ませてシャーマンの家探しを始める準備に取りかかった。私はナタリア・マルチネスという老女のシャーマンに会いたくてウアウトラまで来ている。ナタリアのことを知ったのは、『Little Saints』という1本のドキュメンタリー映画である。映画の中では、ナタリアの儀式が紹介されていた。呪術師然とした彼女の佇まいに一目で惹きつけられてしまったのだ。しかし、ナタリアがウアウトラのどこに住んでいるかまでは知らない。彼女を探す手がかりは、一枚の顔写真と名前だけである。

まずはローカル情報に詳しいタクシーの運転手に聞き込みをしてみることにした。村のタクシーが集まる場所に着くと、早速タクシーの運転手が話しかけてきた。

「やあ。アミーゴ。タクシーに乗らないか？」

私はナタリアの顔写真が写っているスクリーンショットを見せ、「ナタリア・マルチネスという

オアハカからウアウトラに向う途中の休憩場所にて

シャーマンの家に行きたいんだけど、場所わかる？」と尋ねた。

運転手は眉間に皺を寄せてじっくりとナタリアの顔写真を見はじめた。そして「ちょっと待ってくれ」と運転手は言うと、スマートフォンを握りしめて近くで雑談をしている別の運転手に確認しに向かった。

5メートルほど離れた場所で運転手たちは話し込んでいるが、彼らの表情を見る限りナタリアのことを知らなそうだ。案の定、運転手は私のところに戻ってくると、「ナタリアという名前のシャーマンは聞いたことがない。本当にウアウトラに住んでいるのか？」と怪訝な顔を浮かべながら聞き返されてしまった。運転手からスマートフォンを受け取ると、次は市場で聞き込みをすることにした。

市場へと伸びる緩やかな登り坂を歩いていると、「おーい」と後ろから誰かが私を呼び止める声が聞こえてきた。振り返ってみると、20代後半くらいのふくよかな男が身体を揺らしながら私のところにやってくるのが目に入った。男は額に浮かんでいる汗を拭うと「シャーマンの儀式を受けたいのか？」と尋ねてきた。

「ナタリア・マルチネスというシャーマンの儀式を受けたくて、ウアウトラまで来たんだけど、どこに住んでいるのかわからなくて探しているんだ」

ナタリアの顔写真を男に見せると、写真を確認した後にスマートフォンを私に戻した。

「ナタリアの家に行きたいのか？」

「どこに住んでいるか知ってるのか？」

「もちろん知っている。家まで連れてってやろうか？　ここから少し離れてるから……1杯だけジュースをご馳走してくれないか」

ジュース1本くらいなら安いもんだと思い、ナタリアの家まで連れて行ってもらうことになった。男はマリオといった。短髪にべったりとジェルをつけており、鶏のとさかのように髪をツンツンと立てている。アジア人が珍しいのか次々に質問をしてくる。人懐っこく、やたらとフレンドリーな男である。

マリオは車が通れないような細い通路を進んでいく。通路の右側は民家になっており、庭では犬が駆けずり回って遊んでいる。通路の左側は空き地で、視界が大きく開けているせいか、遠くに山の峰々を拝むことができる。山頂付近では真っ白の千切れ雲が風に乗って流れていく。景色を眺めながら坂道を登り、階段を登り、舗装されていない草むらを歩いていくと、アスファルトが敷かれている道路に到着した。だいぶ山の上まで上がってきたようで、村の中心地に比べると民家の数が減っている。

私は一息ついた後に「ところでナタリアの家はどこにあるんだ？」とマリオに確認した。マリオは額に浮かぶ汗を手で拭うと「すぐそこだ」とトタン屋根の建物を指差した。随分と質素な家というのが第一印象である。１階部分は商店になっており、食料品や飲料水など生活に最低限必要な物が売っている。２階部分は住居になっているらしく、窓から老女が外の様子を伺っているのが目に留まった。

「窓からこっちを見てる老女がいるだろう。あの人がナタリアだ」

マリオはそう言うと、家の裏手にある玄関口に向かった。横開きの玄関口の前では、30代前半くらいの痩型でメガネをかけた男が椅子に座って携帯電話をいじくっている。マリオは椅子に座っている男とがっちりと握手を交わすと「やぁー。この日本人がナタリアの儀式を受けたいみたいだよ」と伝えてくれた。男は「俺はナタリアの息子だ」と言うと、持っていた携帯電話をポケットの中にさっとしまった。

道案内をしてくれたお礼にマリオに15ペソを渡すと、顔をニヤニヤさせながら来た道を引き返していった。マリオが去っていくのを見届けると、息子は家の中に招いてくれた。玄関の入り口右手にはテーブルが置いてあり、花瓶に生けてあるユリ、キリストの絵、マリアの絵などが飾られている。部屋の右隅にはシングルベッドが置いてあり、その横には背丈ほどの高さの棚が設置されている。隣の部屋との仕切りは薄いベニヤ板のせいか、横の部屋からテレビの音が筒抜けだ。

北東には小さな窓が付いているので、外の柔らかい陽射しが室内を照らしている。

白いプラスチック製の椅子に座るように言われたので腰を下ろすと、息子はベッドに腰をかけた。

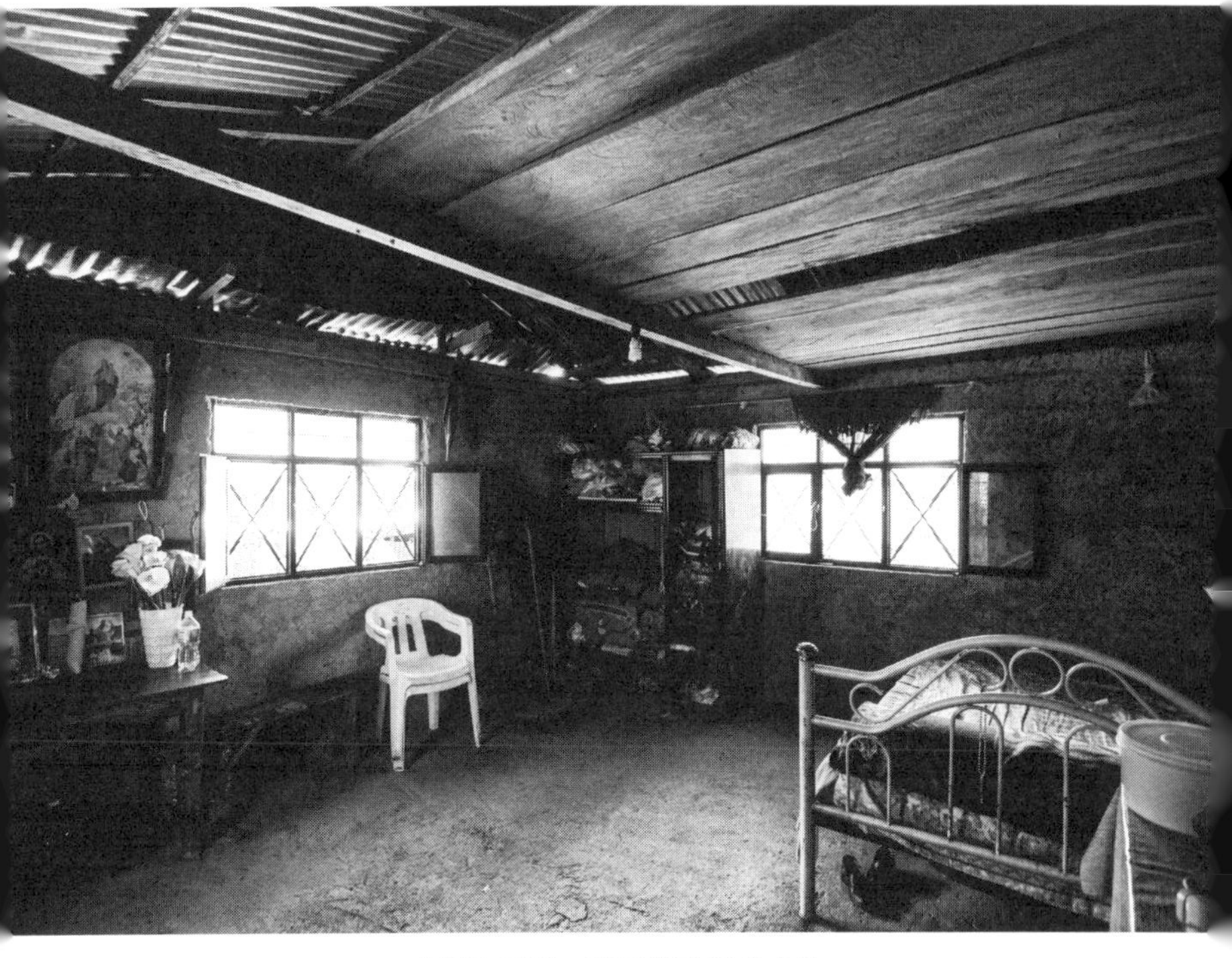

ナタリアの家。ここで儀式が行われる

「ところでナタリアのことをどうやって調べたんだ?」

「ドキュメンタリー映画を観て、興味が湧いてここまできたんだ」

「儀式の値段は400ペソ、部屋に泊まるなら1泊40ペソ。オンゴの値段は……」

儀式の値段と部屋の値段はすぐに理解できたが、オンゴという言葉の意味がわからない。

そのことを息子に伝えると、スペイン語で身振り手振り説明をしてくれたが、それでも理解できない。儀式以外にも別途で料金がかかるのだろうか。

「オンゴ」という言葉が気になった私は、スペイン語の辞書で調べてみることにした。

しかし、いくら探してもその言葉は載っていない。そうなるとますますオンゴというのが何か気になってくる。息子は携帯電話についている機能でスペイン語から英語に変換してくれたが、それでもオンゴの部分だけは変換されなかった。インターネットで調べればすぐにわかるだろうが、Wi-Fiはない。オンゴが何かわからないと話は先に進まない。

「ちょっとここで待っててくれ。近所からスペイン語、英語の辞書を借りてくるから」と言い残すとナタリアの息子は部屋から飛び出していった。

10分くらいすると、息子は5センチほどの厚みのある辞書を片手に戻ってきた。渡された辞書をパラパラとめくり「オンゴ」という言葉を探してみると、「Hongo」という言葉を発見することができた。オンゴというのはスペイン語でキノコということがわかった。スペルは「Hongo」でスペイン語はHを発音しないのでオンゴになるのだ。

オンゴの意味がわかったことを伝えると、「キノコは300ペソ、部屋が1泊40ペソ、儀式は400ペソで合計740ペソになる」と改めて教えてくれた。広場で声をかけてきた男は1200ペソと言っていたので、ナタリアの儀式はだいぶ安いようだ。

改めて今晩儀式を受けたいことを伝えると、「わかった。儀式が始まるまでだいぶ時間がある。夕飯は摂らないで、できる限り空腹の状態を保ってくれ。その方が効果が出やすいから」と教えてくれた。

「何時から儀式を始めるんだ？」

「21時くらいからかな」

そう言うと、息子は部屋から出て行ってしまった。

1回目の儀式

時刻20時30分。ナタリアの家に戻ってくると、儀式の準備は着々と進んでいた。

テーブルの上には茶色い袋が置かれており、その上には小さなキノコが4本ほど並んでいる。一番長いキノコで5センチくらいだろうか。儀式が始まる前にどこかでキノコ狩りをしてきたらしく、まだ採れたてのような感じである。キノコには土が付着しており、雨風にさらされながら育ったのか、いくらか水分を含んでいるように見える。マジックマッシュルームといえば乾燥したキノコのイメージだったが、どうやらここでは違うらしい。

ベッドの上に腰をかけて準備が整うのを待っていると、ナタリアが小さな受け皿を持ってやってきた。皿の上には煮物のような黒い塊が載っており、電灯の光を反射してテカテカと輝いている。私が不思議そうな目で見ていると、ナタリアは「砂糖で味付けをしたオンゴ」と教えてくれた。

すべての準備が整うと儀式を始めることになった。

ナタリアは机の前に立つと、キリストの絵に語りかけるようにして話し始めた。ボソボソと小さな声で喋っているので聞き取りにくいが、時折、キリスト、マリア、サントドミンゴ、サンアントニオ、などキリスト教カトリックに関わる名前が聞こえてきた。

祈りを終えると、ナタリアはテーブルの上に載っている4本のキノコを掴み、私の座っているところへやってきた。

「まずは、このキノコから食べなさい」

指示されたキノコを指でつまみ、口を開けて舌の上に置いてみた。キノコが小さいせいもあって

『Little Saints』に出演したシャーマンのナタリア

か、噛んでもあまり苦味を感じることはない。

続いて皿に載っているキノコをスプーンによそって口に運んだ。砂糖で味付けされているせいか、甘味があり、日本の煮物のようで美味しい。柔らかく、キノコを食べているとは思えない歯ごたえなのも印象的だ。

2種類のキノコを食べ終わると、次は瓶に入った茶色っぽい、くすんだ色のドリンクを飲むように言われた。この飲み物は何かと聞くと、「キノコで作った飲み物だよ」と教えてくれた。ナタリアお手製のドリンクを一気に飲み干す。甘くもあり苦くもある、なんとも形容しがたい味だ。

ナタリアは壺の中に入っている炭に火をつけた後、部屋の電気を消しに行った。

暗闇の中で炭が赤く燃え始める。炭から煙が上がったところで、ナタリアは壺を持って私の周りを一周した。壺から立ち込めてくる煙を手ですくいとると、私の身体に煙をふりかける。それが終わると、私の上着を二の腕までまくりあげ、緑色の粉を腕にふりかけた。そして粉がかかっているところに人差し指を置き、さらさらの粉をなぞるようにして何度も十字を切った。「キリスト、マリア、サントドミンゴ、サンアントニオ」と先ほど聞いた名前が続いていく。

いよいよ儀式が本格的に始まる雰囲気だが、戸惑っている私がいた。

よほど壁が薄いのか、隣の部屋からテレビの音が筒抜けになっている。スナックでも食べながらテレビを観ているのか、「ぼり、ぼり、ぼり」とお菓子を食べる音がやたらと気になる。隣の部屋

左側が採れたてのマジックマッシュルーム
右側はマジックマッシュルームで作った煮物

から流れてくる生活音に注意が奪われてしまい、儀式に集中するのが困難である。

だが、ふと気がつくとあれほど気になっていた生活音がまったく耳に入らなくなっていた。

いつしか室内は静まり返っており、壺の中で呼吸をするようにして燃える炭の音が微かに聞こえるだけになっている。黒から赤へ、赤から黒へと変わっていく炭を見ていると、目尻と耳の周辺が痺れ、軽い痙攣を起こしていることに気がついた。目には溢れんばかりの涙が溜まっており、堪えられなくなった雫がゆっくりと頬をつたって流れていく。地面に雫が溢れ落ちると、コンクリートの床から草木がゆっくりと生えてくるのが見えた。雫が地面に落下するたびに、草木はよりはっきりと見えるようになっていった。

草の中で何かがゴソゴソと動く音が聞こえた。

「ガサ、ガサ、ガサ」と、姿が見えない「何か」が草木の中で動き回り、草を擦った音が室内に残響している。得体の知れない「何か」は徐々にこちらに向かっているようで、葉の擦れる音がどんどん近づいてくる。私は恐怖心からパニック状態に陥った。恐ろしさのあまり身体を動かすことができない。

すると、草木の中から爬虫類のような生き物が飛び出してきた。その生き物は私の右足をつたうようにして登ると、骨を粉砕するほどの力でギュッと絡みついてきた。足がだんだん痺れてきて、息苦しくなる。

そのとき、私の異変に気がついたのか、ナタリアが炭の入った壺を持って立ち上がった。そして、壺の中で燃える炭の煙を手ですくいとると、私の身体にふりかけてくれた。そうしてくれと頼んだわけでもないのに、右足周辺に特に入念に振りかける。すると不思議なことに徐々に足の痺れが和らいでいった。恐る恐る視線を足元に移してみると、右足に絡まっていたはずの生き物の姿はどこにもない。ナタリアは壺を床に置くと、再び椅子に座って燃え盛る炭を眺め始めた。

壺の中で燃えている炭に見とれていると、距離感が上手く掴めずにいることに気づいた。

ある時は、熱気球に乗って空から地上を見下ろしているような高さで見えるし、ある時は1センチも離れていないほど近くで燃えているようにも見える。ナタリアの方に視線を向けてみると、手を伸ばしても届かないほど遠くにいるように見えるし、身体をちょっと動かしただけで当たってしまうほど至近距離にいるようにも見える。

時間の感覚も狂っているようで、1分にも満たない出来事を1時間ほどかけて見ていた気がする。あるいは1時間くらいの出来事をわずか1分ほどの短い時間で見ていたのかもしれない。

時間が経つごとに効果は着実に弱まっていった。足元には草木が生い茂っていたはずだが、最初からそうだったようにいまはコンクリートの土間に変わっている。こめかみに痺れを感じることもない。目から溢れ出していた涙はとっくの昔に枯れている。生命が尽きてしまった炭は、形が崩れて粉になり、灰色の砂漠と化してしまった。

ナタリアは椅子から立ち上がると、部屋の電気をつけにいった。部屋の中が明るくなると、真っ白の煙で充満していることに気づいた。

その煙に包まれていると、儀式で見た光景が蘇ってくる。3種類のキノコを食べた。コンクリートの土間から草木が生えてきた。そして蛇のような爬虫類が私の右足に巻きついていた。燃え盛る炭を眺めていると、まるで生き物が呼吸をするように「すーはーすーはー」と一定のリズムで燃えていた。黒から赤へ、赤から黒へ、そして黒から赤へ。ビジョンという体験には程遠い気がするが、1回目にしては上出来だと思った。

儀式が終わると外で煙草を一服し、ベッドに潜り込んだ。

まだ僅かにキノコの効果が残っているようで、目を瞑ると闇の中に無数の丸い粒が出現する。しかし、目を開けてみるとパッとどこかへ消えてしまう。

こうして1回目のマジックマッシュルーム体験は終わりを迎えた。

ウアウトラにはあと7日ほど滞在する。

別のシャーマンからも儀式を受けてみたい。1日置きにシャーマンに会うことができれば、最低でもあと2回は儀式を受けることができる。眠りから目を覚ましたら、次のシャーマンを探しに市場周辺で聞き込みを開始しよう。

人気のシャーマン・イネス

眠りについたのは深夜を過ぎていたというのに、随分と早い時間に目を覚ました。5時間ほどしか睡眠をとっていなかったが、身体はとてもスッキリとしている。ベッドから起き上がると、床に置いてある靴を履いた。煙草をふかしに外に出ようと部屋の中を歩いていると、お腹が鳴っていることに気づいた。昨日は儀式のために昼から絶食していた。まずは朝食をとるために市場に向かうことにした。

ナタリアの家から村の中心部までは、徒歩で15分くらいかかる。民家が両脇に建ち並ぶ細い裏路地を通り、階段を下りて行く。なんの変哲もない光景だが、ときおり家々の隙間から見える素朴な景色にはっとしてしまう。庭を駆け回る小さな子どもたち、家の中から聞こえる陽気なサルサミュージック、そして風に乗って流れてくるメキシコ料理の匂い。名の知れない裏路地を歩くのは、未知なるどこかへと導かれているようで気分が高揚してくる。

村の中心部に近づくと、賑やかな音が聞こえてきた。ギター、ドラム、トランペットなどが入り混じった陽気な音楽や、物売りが声高らかに商品の宣伝をする声、広場でサッカーボールが弾む音が聞こえてくると、市場の様子が見えるようになった。

人口3万人程度の村だが、ウアウトラの中心部はそれなりに賑わっている。何を食べようか考えながら歩いていると、「ハポネス（日本人）」という言葉が聞こえてきた。

声のした方向を確認する。周りには私以外に日本人はいないので、誰かが私に向かって声をかけてきたはずだ。もう一度、辺りをぐるっと見回してみると、初老の女性が目に入った。女性は微笑みながら私の方に向かってくる。買い物の帰り道なのか、右手には白いビニール袋をぶら下げている。どこかで見たことがある人だなと考えていると、私の前にやってきて話しかけてきた。

「私、イネスよ。あなた日本人よね？　ここにはいつからきてるの？」

「4日前から」

「そう。よかったら、これからうちにいらっしゃい。家まで5分くらいの距離よ」

私はこの出会いに驚いてしまった。イネスはウアウトラに住むシャーマンの中で、最も日本人に人気のあるシャーマンだ。日本語でウアウトラのシャーマンについて調べていると、必ずと言っていいほど彼女の名前が出てくる。

イネスの後ろを歩きながら、偶然ってあるんだなと考えていた。イネスにも会ってみたいと思っていたからだ。こちらから探す手間が省けてしまった。あれこれ話しながら歩いていると、イネスはエメラルドグリーンの扉が目立つ、一軒の家の前で立ち止まった。

「ここに住んでいるの？」

「そうよ」

イネスはうなづくと、ポケットから鍵を取り出して扉を開いた。

中に入ってまず目に留まったのが、90年代に作られたと思しき日本製の白いセダンだ。どうやら住居兼ガレージとして使用しているらしい。部屋は広々としており、20畳くらいはありそうだ。ガレージの奥には窓があり、そこから村の景色を見下ろすことができる。右の方には先ほどまでいた市場があり、その奥には水色の教会が見える。教会の前にはサッカーゴールとバスケットゴールが設置されたグラウンドがあり、その斜め先には小学校がある。村の奥には山がそびえ立ち、ぽつんぽつんと数軒の民家が辺鄙な場所に建っている。

世間話をした後に、儀式の値段について聞いてみることにした。

「儀式は１０００ペソよ。もし家に泊まりたいなら、１泊65ペソになるわ」

どうやら2階に宿泊するスペースがあるらしい。ナタリアの儀式に比べると、値段が高くなるが仕方がない。翌日に儀式を受けたいことを伝えると、「何時に儀式を受けたいの？」とイネスは尋ねてきた。前回の儀式は21時から始めたが、できればもっと早い時間からキノコを食べたい。

「16時でも大丈夫？」

「問題ないわ。部屋はどうする？」

「今日はホテルをとっているから、明日泊まらせてほしい」

「わかったわ」

イネスが了解してくれたので、明日の午後に戻って来ることを伝えて家をあとにした。

市場で朝食を食べ、ナタリアの家に荷物をとりに戻った。

家に到着すると、ナタリアは部屋の片隅にあるキリスト画の前で両手を胸元で合わせ、目を瞑り祈りを捧げている最中だった。邪魔をしないように入り口で待っていると、私に気づいたナタリアは祈りを中断し、部屋の中に招き入れてくれた。

昨晩のお礼を言い、これからホテルに移ることを伝えると、ナタリアは旅の無事を祈るように、両手で私の手を優しく包み込んだ。皺くちゃだが、とてもあたたかな手なのが印象的だった。

2回目の儀式

翌日、12時近くにホテルをチェックアウトし、その足でイネスのところに向かった。

家に着くと、シャワー上がりのイネスが笑顔で出迎えてくれた。

「今日は16時から儀式でいいのよね?」

「ああ」

「そういえば昨日、日本人の男が来て儀式を受けたわよ。今日の朝、メキシコシティに戻るから出ていってもういないけど。昨日、村で日本人を見かけた？」

ウアウトラはオアハカ州の山奥にあり、決して交通の便がいい場所ではない。そんな場所で日本人が2日連続で儀式を受けるというのも面白い。どんな人物なのか、会ってみたかったが縁がなかったので仕方がない。

儀式まで市場周辺を散策したり、広場の階段に座ってぼんやりしながら時間をやりすごした。することがなくなったのでイネスの家に戻ってみると、数日前からイネスの家に滞在しているというアメリカ人と出会った。身長180センチほどの大柄な40代後半くらいの男である。彼はアイロンがけされた皺のないシャツを着ており、銀縁眼鏡をかけている。村の雰囲気にそぐわないビジネスマンタイプで、とてもマジックマッシュルームを食べるようには見えない。だが、ウアウトラには何回も来ているようで、マジックマッシュルームの儀式を10回くらい受けていると言った。世間話をしていると、「僕はジョンだ」と自己紹介してくれた。そして笑いながらジョンは話しかけてきた。

「キノコは初めて？」

「一昨日にナタリアというシャーマンの儀式を受けてきた」

「どうだった？」

「初めてだったからなんとも言えないな。別のシャーマンの儀式も受けてみたくて、イネスのところに来たんだ」

「僕は10回ほど儀式を受けてみて、2回は素晴らしい体験ができたよ」

ジョンと話をしていると、「儀式に必要な物は買ってきたか？」と質問された。ナタリアの儀式では何も用意していなかったので、当然手ぶらで来てしまった。

ジョンいわく、イネスの儀式には「蝋燭、カカオ、お香」の3つが必要だという。なくても平気らしいが、一応用意しといたほうがいいよと笑いながら教えてくれた。イネスの家を出て坂を下ったところにある商店で購入することができるようだ。ジョンに教えてもらった通り、蝋燭、カカオ、お香の3つを60ペソで購入した。

家に戻ると儀式を始める30分前になっていた。1階に降りて儀式に必要なものを購入してきたことをイネスに伝えると、彼女はソファーベッドから身体を起こした。

「そろそろ儀式の準備を始めないとね」

そう言うと、身体を包んでいた毛布をベッドに置き支度を始めた。

イネスの後をついてキッチンに行くと、儀式で食べるキノコを見せてくれた。

ビニール袋の中には10本の小さなキノコが入っている。そして皿の上には味付けされたキノコが5つ載っており、その中でもひときわ大きなキノコが目に留まった。小さなキノコ約10本分くらい

巨大な傘のキノコ。こんなに大きなキノコを食べても大丈夫か不安になるサイズ

の分量がありそうだ。

儀式を受ける前にキノコの写真を撮りたいと言うと、大きな緑色の葉を用意してくれた。その上に小さなキノコを置いて写真を撮っていると、「ごほ、ごほ、ごほごほ」と横でイネスが咳き込んだ。「大丈夫?」と声をかけると、イネスは苦笑いを浮かべながら「数日前から風邪をひいて本格的に体調が悪くなってきたようね。でも心配しないで。儀式はできるから」と答えた。

準備が整うと儀式を受ける場所にキノコが載った皿を持って移動した。

1階の片隅にぽつんとある、部屋というよりも洞窟のような空間である。地面はコンクリートではなく、土がむき出しになっている。奥にある横幅2メートルほどの机の上には、キリスト教徒の絵が10枚ほど飾られ、その前には花や蝋燭などが置いてある。蝋燭は床にも5本ほど置かれており、無風の空間にもかかわらず、炎が右に揺れ左に揺れながら燃えている。

暗闇の中で燃えるオレンジ色の炎を眺めていると、イネスが小声で話しているのに気がついた。視線をイネスに向けると、私に話しかけているのではなく、キリストと会話をするようにブツブツと言葉を交わしている最中だった。

ゴザの上で正座をしながらお祈りを聞く。耳を澄まして言葉を聞いていると、キリスト、マリア、サントドミンゴ、などナタリアの儀式にも登場した言葉が次々と出てくる。

思えば2日前に儀式を受けたばかりだ。これほど短い間隔で儀式を受けて、はたしてキノコの効果は現れるのだろうか。

そんなことを考えながら祈りを聞いていると、いつの間にか室内はシーンと静かになっていた。

「よく噛んで味わって食べてね」

イネスはキノコが載った皿を手渡してくれた。まずは蜂蜜で味付けされたキノコを食べてみることにした。小さくて食べやすそうなキノコを選んで、口の中に放り込む。たっぷりとハチミツがついているせいか、普通のキノコよりも柔らかくなっている気がする。甘味が強く、キノコの生っぽい匂いや苦味を感じることはない。これなら何個でも食べられそうだ。

小さなキノコをすべて平らげると、皿の上には大きな傘のキノコだけになった。小さなキノコと同様に、味わいながらゆっくりと噛みしめた。そして味付けされてないキノコも食べてみることにした。口の中に蜂蜜の甘味が残っているせいか、普通のキノコもなんの苦もなく食べ終えることができた。

すべて食べ終わったことを伝えると、イネスは静かに歌い始めた。だが、体調が悪いらしく、時折咳き込んでしまい歌が途切れてしまう。

「辛そうだし、儀式はもうやらなくていいよ。ベッドの上でゆっくり休んでいて」

「あらそう、わかったわ。何か問題が起こったら教えて。外のベットで横になっているから」

しばらくの間、ゴザに座って効果が出てくるのを待った。しかし、視覚に変化が訪れる気配はない。横では蝋燭の炎が勢いよく燃え上がり、その炎を飲み込もうと黒い影が姿かたちを変えながら不規則に動いている。少しばかり影の動きが大袈裟に見えるものの、炎は左右に揺れ動いているので目の錯覚ではないようだ。

トイレに行きたくなったのでゴザから立ち上がると、足がしびれていることに気づいた。壁に手をつかないと歩けないほど、身体がふらふらする。倒れないように身体を壁で支えながらトイレに向かった。身体に異変が起こっているのはわかるが、相変わらず視覚に変化はない。やはりシャーマンの儀式を受けないと最大限の効果は発揮されないのだろうか。

トイレから戻ると、イネスがゴザの上に座っていた。私が戻ってくるのを待っていたようだ。

「大丈夫？　何か変化はあった？」

「いや。身体がふらふらするだけ」

私の答えを聞くと、イネスは再び歌を口ずさみ始めた。しかし、また途中で咳き込んでしまう。歌を聴いている私の方まで体調が悪くなりそうだ。私がここにいる限り、イネスは歌を口ずさみ、儀式を行おうとするだろう。

「屋上のパティオで煙草を吸ってのんびりと過ごすよ。イネスは休んでて」

そう伝えて部屋から出ようとすると、イネスが私を引き留めた。

「ちょっと待って。ここで仰向けになって寝てちょうだい」

言われた通り、ゴザに仰向けになって寝ると上着を胸あたりまでまくられた。そして露出しているお腹周辺に、おまじないをかけるようにして粉を何度も丁寧に塗りこんでくれた。ナタリアは腕に粉をふりかけ、人差指で十字を切ってくれたが、お腹に粉を塗ることはなかった。そういえば、イネスの儀式では炭を燃やしていない。ただ調子が悪くて炭を燃やすことを忘れているのか、あるいはイネスの儀式ではそもそも炭を使わないのか。

屋上にあるパティオにやってくると、目の前に広がる景色に心を奪われた。

家が山の斜面に建っているせいか、麓に広がる村を一望することができる。斜め右方向には村の中心地になっている市場があり、その前を村人たちが行き来をしている。通りでは白いタクシーが何台も連なっており、派手なメキシカンミュージックを鳴らしながらゆっくりと進んでいる。民家の屋上にある水溜り周辺には、黒いカラスのような鳥が20羽くらい集まっており、水面の中に長いくちばしを突っ込み水を飲んでいる。水分補給が終わった鳥たちは、羽根をばたつかせて別の場所へと散っていく。

村の上空を旋回する鳥の群れを見ていると、1羽1羽が重なり合っていき、やがてこの世のものとは思えないほど巨大な鳥に変形していった。羽を上下に動かすたびに突風が舞い上がり、村の樹木は暴風に煽られるようにして左に右に傾いている。弓のようにしなった樹木は、今にも倒れてしまいそうだ。巨大な鳥は次の給水地を見つけると、空中で分離して我先に水面を目掛けて落下していく。水分を補給した鳥たちは再び上空で集まると、巨大な鳥へと変わり新たな給水地を目指して飛び去っていった。

ウアウトラに来て5日が経ったが、この日もまた山の麓から霧が発生し始めていた。

夕方になると日課のように霧が立ち込めてくる。白い靄は風の流れに乗って村に迫ってきており、今にも村をすっぽりと呑み込もうとしている。巨大な鳥が上空を旋回していた時は遠くの山の峰をはっきりと確認できたが、いつの間にか霧のなかに姿を消してしまった。手前の山の中腹部にある民家はまだ見えるが、あとわずかで靄に覆われてしまいそうだ。そんな光景に見とれているとイネスが毛布に包まってパティオにやってきた。椅子に腰を下ろしたところでイネスが話しかけてきた。

「調子はどう?」

「巨大な鳥が上空で旋回していたり、村が霧に飲まれていくのを眺めていた」

身振り手振りを交えながら、今まで目にした出来事をイネスに伝えた。

イネスは笑みを見せると、大きく深呼吸をしてから歌を口ずさみ始めた。何の歌かはわからないが、スペイン語の語呂は馴染みやすくて耳心地がいい。

イネスの口ずさむメロディーに耳を預けていると、懐かしさがこみ上げてきた。遠い遥か昔、どこかで聞いたことがある気がする。もう少しで記憶の糸をたぐり寄せることができそうだったが、

イネス家の屋上からの景色。今にも民家が霧に飲み込まれそうだ

その糸はあと一歩のところでプッツリと切れてしまった。

イネスの発する美しい音色に耳を傾けていると、目の前に広がる景色はまばたきするのを忘れるほど神秘的な風景に変わっていった。冷たい霧にさらされた村は、時が刻々と進むとともに色彩が剥がれ落ちていった。目に映る景色は白と黒の滑らかな階層になっており、水墨画家が魂をこめて丁寧に筆を走らせた風景画のようだ。ウアウトラに来て霧のかかった景色を毎日見てきたが、その中でも最も美しく、そして最も幻想的な光景だ。

私は景色を見ながら、何度も何度も「今日の景色は最高だ。本当に幻想的で綺麗だ」とイネスに伝えた。しかし、私の興奮状態とは裏腹にイネスはあまりにも冷静だった。

「あなたがキノコを食べてるからそう見えるのよ」

椅子に座っているイネスと目が合うと、優しく微笑んでくれた。

再びイネスの口ずさむ歌を聴いていると、メロディーに混じって誰かが階段を上がってくる足音が聞こえてきた。階段の方に顔を向けると、ジョンが私たちの様子を伺っているのが目に入った。どうやら散歩から帰ってきたようだ。

「マリア・サビーナの家まで行ってきたよ。ここから歩いて行ったから45分くらいかかった」

ジョンはイネスと一言二言スペイン語で言葉を交わすと、私に話しかけてきた。

「調子はどう？」

「少し前から効果が出てきている。それにしても、今日の霧景色は美しいよ。村が霧に呑まれていく光景は幻想的で美しかった」

「それはキノコを食べているからそう見えるだけだよ。ビジョンは見えた？　壁から何かが出てきたり、地面から何かが出てきたり？」

「いや。体がふらふらしているだけ。目の前に広がる光景が、水墨画の世界を見ているみたいに綺麗だ」

私はクドいくらいに景色の素晴らしさを絶賛していた。しかし、2人の反応はそっけない。

「たしかに霧景色は綺麗かもしれないけど、普段と変わらない。景色が綺麗に見えるのは、キノコの効果が出ている証拠だよ」

美しい景色についてどんなに力説しても、「キノコを食べてるから綺麗に見える」と冷静な答えしか返ってこないのが悔しい。どうやら素面の人間とキノコを食べている人間では、目に映る景色に圧倒的な違いがあるようだ。それでも私には納得ができない。なぜこれほどまでに美しい光景を前にしているのに、2人は冷静でいることができるのだろうか。

イネスは寒くなってきたと言い残すと、部屋の中に戻っていった。しばらくの間、目の前の景色をぼんやりと眺めていると、シーンとした沈黙が霧の流れと共に流れていった。妙に居心地がよく、いつまでも霧景色を眺めていたいと思えてくる。私は煙草に火をつけると、ジョンに気になっていることを聞いてみることにした。

「この村には何人くらいのシャーマンが住んでいるのか知っている？」

「200〜300人くらいは住んでいるはずだよ」

そんなにシャーマンが住んでいるとは思わなかった。

「ウアウトラで一番有名なシャーマン、あるいは人気のシャーマンって誰なんだろう？」

「フリエタっていう老女のシャーマンが有名だよ。多くの人が彼女の儀式を受けにウアウトラまで来るんだ。世界中を旅行しているから、今ウアウトラにいるかわからないけどね」

「どこに住んでいるの？」

「ここから近いよ」

そういうとジョンは市場の方角を向き、その奥にうっすらと見える学校を指差した。立ち込めてくる霧の影響でどこにフリエタの家があるのかを確認するのは不可能だ。だが、フリエタというシャーマンの名前を知ることはできた。誰かに聞きながら家を探せばいい。

1階に戻ると、イネスがソファーの上で寝息を立てていた。起こさぬように静かに歩いてベッドに潜り込むと、厚手の毛布に身体を包んだ。2回目の儀式では楽しい時間を過ごすことができたが、期待していた効果とは違った。身体はふらふらとするものの、ビジョンを見ることは一度もなかった。ただ目の前の霧景色がこの世の景色とは思えないほど美しく見えただけである。

次に会うのはフリエタという老女のシャーマンで決まりだ。フリエタの儀式では、いったいどんな世界を見ることができるのだろう。

ウアウトラ一のシャーマン・フリエタ

イネスの風邪が移ったのだろうか。朝から咳がとまらず目を覚ますことになった。少しばかり頭がふらふらするが、キノコの効果が残っているというよりも風邪をひいた感じに近い。イネスに昨夜のお礼をしてから家を出ることにした。

扉を開けると、道端に見覚えのある男が歩いていた。ナタリアの家に連れて行ってくれたマリオである。あまりにも突然だったので、私は驚きを隠すことができなかった。

「ちょっとまってくれ」と呼び止めると、挨拶をするのも忘れていきなり本題に入った。

「フリエタというシャーマンのところに行きたいんだけど、どこに住んでいるか知ってるか？　だいたいの場所は教えてもらったけど、正確な場所がわからないんだ」

「次はフリエタのところに行きたいのか？」

「フリエタというシャーマンがこの村で一番有名と聞いたからね」と伝えると、マリオはノートに住所を書いてくれた。

「儀式の値段はわかる？」

「それは俺にはわからない。ナタリアとイネスはどうだった？」

「７００ペソと、１０００ペソだった」

「だったら１２００ペソくらいじゃないか？」

住所を教えてくれたお礼にジュース代を渡してマリオと別れた。

ウアウトラは不思議な村である。会いたいと思っている人がいると、誰かがそこまで導いてくれる。住所を手に入れたのだ。フリエタの家を探すのにそう時間はかからないだろう。ジョンはフリエタの家は学校の裏辺りにあると言っていたので、まずは学校に行ってみることにした。

学校周辺に着くと、通り沿いに商店があるのが目に留まった。飲み物を購入するついでに初老の店主に住所を見せて場所を聞いてみた。店主は「すぐ近くだ。階段を降りて10メートルくらい進むと彼女の家がある」と教えてくれた。

教わったとおりに階段を降り、左に抜ける細い通路を進む。道幅3メートルくらいの通りの先にピンク色の大きな家が建っている。これがフリエタの家だろう。家に近づいていくと、道の真ん中で大型犬が体を地面に伏せて眠っていた。起こさないように忍び足で通り過ぎ、フリエタの家の呼び鈴を押し込んだ。

だが、しばらく待っても何の反応もない。家の中は静まり返っている。ベルが鳴っているのか、鳴っていないのかがわからなかったので、今度は強めにドアを3度ノックした。だが、それでも人が出てくる気配はない。買い物にでも出かけているのだろうか。

煙草に火をつけて煙を吸い込むと、壁にもたれながらあることを思い出していた。ジョンが言っていた、「今ウアウトラにいるかわからない」という言葉である。

これからどうしようかと考えていると、ビニール袋を持ったふくよかな中年女性がやってきた。

「フリエタに用があるの？」

私がドアをノックしていたのを見ていたのだろう。私は儀式を受けたくてフリエタの家にきたことを伝えた。中年女性は事情を察してくれたようで、「家の玄関はむこう側にあるのよ」と指さすと、別の場所にある玄関口まで案内してくれた。女性は扉を突き破るような勢いで3回ほど叩き、「チーナがフリエタに会いに来たみたいよー」と大きな声をだした。

「家の人が出てくると思うから、ここで少し待っててそれじゃあ、私は行くからね」

そう言うと、女性は身体を揺らしながら通りの奥へと去っていった。

扉が開くと40代前半くらいの黒髪でほっそりとした女性が立っていた。

「おはよう。ここはフリエタのお宅だよね？」

「おはよう。そうよ」

「フリエタの儀式を受けたくて来たんだけど、明日の夕方に儀式を受けることはできる？」

「何時頃に受けたいの？」

「17時くらい」

「その時間なら大丈夫なはずよ。残念だけど、今、母は出かけているからいないの。中に入って」

と言われたので家の中に入ることになった。

「ところであなた、誰からフリエタのことを聞いたの？」

「アメリカ人の男が、フリエタっていうシャーマンが人気があると教えてくれたんだ。どんな儀式を受けられるのか、興味があって来たんだ」

「そう。たしかに母が人気のシャーマンであることに間違いはないわ。たくさん、たくさん、フリエタの儀式を受けに世界中から集まってくるの。ところで、どのくらいキノコ食べたい？」

前回の儀式では、期待した効果を得られなかったので、通常よりも多めに食べたいことを伝えた。

儀式の値段を確認してみると1200ペソと教えてくれた。今まで受けた儀式の中で最も高額だ。

「母が戻ってきたら伝えとくわ。明日の17時になったら、また戻っていらっしゃい」

娘に見送られてフリエタの家をあとにする。明日もまた儀式を受ける。体調を万全にするために、私はすぐにホテルに戻り、身体を休めることに専念した。

3回目の儀式

ウアウトラに来て9日目。この日は珍しく霧が発生していなかった。空はどこまでも青く、雲一つない冬空が印象的である。明日の午前中には村を離れ、メキシコ北部に移動する。ウアウトラで受ける最後の儀式ということもあり、期待に胸を膨らませてフリエタの家に向かった。

扉をノックすると足音が聞こえ、扉がゆっくりと開いた。フリエタの娘さんだ。

「時間通りに来たのね。さあ入って。居間のソファーに座ってゆっくりしてて。これから母を呼んでくるから」

ソファーに腰を下ろしてくつろいでいると、家の片隅から「ハポネスが来たわよー」という声が聞こえてきた。少しすると、娘と一緒に身長150センチほどの老女がやってきた。最初に目に留まったのが、真ん中が白髪で両サイドが黒髪になっている老女の特徴的な髪の色だ。腰ぐらいまである髪の毛を三つ編みにしており、着ている服も立派な仕立ての衣装であるため、只者でない気品を漂わせている。娘は老女を「母のフリエタよ」と紹介してくれた。

フリエタは微笑むと、「今から準備をするからもうすこしだけ待っててくれる」と言い残し部屋から出て行ってしまった。

5分くらいするとフリエタが戻ってきた。

「準備ができたから、儀式を行う部屋に行きましょう」

そう言うと、儀式が行われるという部屋に連れていかれた。

居間にいるときは気がつかなかったが、外観からは想像がつかないほど奥行きがあって広い家だ。居間の横を抜けると地下の部屋へと下りていく階段が現れた。階段の両脇にはインディアンの絵が描かれており、インディアンの彫刻も壁に飾られている。階段を降りると大きな広間があり、どうやらここで儀式を行うようだ。広間は土足厳禁らしく、上がる前に靴を脱ぎ、スリッパに履き替えさせられた。

広間に入る前に、壺の中に入っている粉を手ですくい取るように言われた。その粉を顔や手など肌が露出しているところに入念にふりかける。身体を清めるとようやく部屋の中に入ることが許された。30畳はあるだだっ広い部屋で、入り口から奥の壁まで20メートルくらいありそうだ。床はフローリングになっていて稽古場のような雰囲気だ。部屋の奥にはナタリアやイネスの家と同様にキリストの絵が飾られている。その絵の前には花瓶が置かれており、20本くらいの白いユリが活けられている。窓には黒い厚手の遮光カーテンがかかっており、まだ17時を過ぎたばかりなのに部屋の中は薄暗い。

今回で3度目の儀式になるが、儀式の値段に比例するようにしてシャーマンの家や装飾品の質が上がっていくような気がする。部屋の奥にはキングサイズよりも大きなマットが敷いてあり、その上に座るように言われた。マットの上で胡座をかくと、改めて部屋の中を見渡してみた。奥行きがあり、一度に20人くらいなら儀式を受けられそうな広さである。

「儀式を始めるけど準備はいい？」

フリエタに聞かれたので、私は静かにうなづいた。また身体を清めるように言われたので、壺から粉をすくい取り、顔や手など肌が露出しているところに入念にふりかける。それが終わると、フリエタはキリストに挨拶をするように言葉を語り始めた。キリスト、マリア、サントドミンゴ、サンペドロと、ナタリアやイネスの儀式で何度も聞いた言葉が聞こえてくる。

2、3分ほどでお祈りを終えると、フリエタは一枚の皿を手にし、その上に大きなキノコを3本並べた。カサの大きさは手のひらがややあまるくらい。イネスの家で食べたキノコよりもさらに巨大だ。昨日、私はたしかに「多めに食べたい」とリクエストしていたが、あまりの大きさに口にするのがためらわれるほどである。

「味わって、よく噛んで食べなさい」

フリエタはそう言うと、私の眼の前に皿を置いてくれた。キノコを食べる前に写真を撮りたいと伝えると、「ダメよ。そんなことしないでいいから、食べなさい」と言われてしまう。滅多に拝むことができない巨大なキノコだったので、写真に残しておきたかったが仕方がない。

皿に載っているキノコを手に取ると、小さくちぎって口の中に入れた。何度も噛み締めながら食べてみるものの、あまり苦味を感じることはない。普段食事するよりも丁寧に咀嚼して1本目のキノコを食べ終えた。

2本目のキノコを掴むと、泥のようなものが付着しているのに気がついた。汚れた部分を指でさっと拭うと、皿の上にも黒い小さな汚れがあることに気がついた。これも泥だろうか。皿を持ち上げて観察してみる。すると、それは泥ではなく、小さな虫であることがわかった。1ミリにも満たない、得体のしれない小さな虫が4匹ぐらい固まってうごめいている。

もしかしたら、最初に食べたキノコにも虫がついていたかもしれない。2つ目のキノコに虫がついてないか、目を凝らして傘や根本などをじっと眺めた。どうやら虫はいないようだ。私はキノコをちぎると、咀嚼を開始した。巨大なキノコのせいか、普通のキノコに比べて傘の部分が柔らかい気がする。

皿には、キノコの他、カカオも3粒載せられている。口直しにそのうちの一粒を口に運ぶ。カカオの硬い食感とキノコの柔らかい食感が口の中で調和していく。カカオの助けもあって、3本の巨大キノコを平らげることができた。

すべてのキノコを食べたことを伝えると、フリエタは笑いながらうなづいた。

フリエタは部屋の電気を消し、蝋燭に火を灯した。そして祈りの歌を口ずさみ始めた。

壁に身体をあずけながらフリエタの歌を聴いていると、徐々にまぶたが重くなっていき、気がつくと私は闇の中にいた。

闇の中に獣のような姿が浮かび上がった。それも1匹や2匹ではない。大型の獣、小型の獣が何かを知らせるようにして吠えているのが聞こえてくる。その音に混ざって、コッ、コッとこちらに向かう足音のような音が聞こえてきた。次に聞こえてきたのは、遠くでボールが弾む音だ。ボールの弾む音は一定のリズムでしばらく続き、やがて消えていった。

ゆっくりと目を開けてみると、ロウソクの炎は消えており、部屋の中はすっぽりと闇に覆われていた。フリエタの祈りの歌は中断されたのか、祭りの後のようにしんみりとしている。

一寸先も見えない闇の中。私の身体は闇に食われてしまったのか、目の前に手をかざしてみたが、自分の身体さえ見ることはできない。そして自分の呼吸する音すら聞こえない。錯乱状態の中で前に進むことができず、後ろに下がることもできずに彷徨っていると「どう調子は？　何か変化はあった？」というフリエタの声で、ハッと我に返ることができた。彼女が声をかけてくれなかったら、私は闇の中で永久に行方をくらましたままだったかもしれない。

突然、真っ白な光線が暗闇の中に出現した。その光の正体はフリエタが持っているペンライトで、机の横にある籠に白い光を当てている。籠の中に手を突っ込み何かを探しているようだが、お目当ての物がなかなか見つからないようだ。フリエタはペンライトを口で咥えると、両手で籠の中をかき回しペットボトルを手に取った。透明のペットボトルの中には、どろどろした液体が入っている。

フリエタの目の前にあるテーブルには一枚の皿があり、その上には3つの特大キノコが載っている。そういえば、フリエタのところにきて、まだ1種類のキノコしか食べてない。ナタリアの儀式では3種類のキノコを食べた。イネスの儀式では2種類のキノコを食べた。ということは、私はその特大キノコを食べるのだろうか。

予想したとおり、フリエタは皿とペットボトルを私の前に置いた。ペットボトルの中には純度の高い蜂蜜が入っているようで、甘いのが好きだったら蜂蜜をつけて食べなさいと言った。蜂蜜をたっぷりつけて、キノコを口の中に入れて噛み締めた。

蜂蜜をつけすぎてしまったのだろう。キノコを食べているというよりも、食パンにはちみつを塗ったような食感だ。すべてのキノコを食べ終わると、フリエタはペンライトの光を消した。

オーラの発生

頭の中で時計の針が「カチ、カチ、カチ」と一定のリズムで時を刻みながら進んでいる。その規則正しい音に合わせるようにして、こめかみの奥がどくどく痺れてきている。

涙は溢れんばかりに流れ出し、水滴が頬をつたってこぼれ落ちていく。

1回目の儀式とは違う頭の内部からくる痺れが、何度もこめかみの奥を刺激する。しびれのスパンは徐々に短くなっていき、次第に目を開けているのが辛くなる。そして視界は再び闇に誘われるようにして真っ暗になった。

フリエタが祈りの歌を再開した。さっきまでとは違い、本当に神と対話をしているかのような神妙な声で祈りを捧げている。耳をすませてお祈りを聴いていると、時折スペイン語ではない言語を早口でまくし立てているのが聞こえてくる。

祈りともお経とも呼べるような摩訶不思議な言葉の数々を耳にしていると、闇の中でオレンジ色の暖かなオーラに包まれている場所があることに気づいた。おそらくフリエタの放つオーラだろう。身体の中に収まりきれないオーラが肌を突き破ってオレンジ色の光を放出している。それも1本や2本の光線ではない。おびただしいほどの光の帯が放たれており、フリエタの姿自体が光のオーラと化している。あまり体力がなさそうに見えたフリエタだが、彼女の声はどんどん力を増していく。その力に吸い寄せられるようにしてブルーのオーラが近づいていくる。まるでフリエタの祈りに導かれて別世界から呼び寄せられたようだ。

闇の中にオレンジとブルーのオーラが混ざり合う。フリエタの口ずさむ歌はいつしか美しいハーモニーを奏でていた。しばらくそのメロディーを聴いていると、私の皮膚も微弱なオーラを放ち始めた。オーラは身体の中に収まりきらなくなり、肌を突き抜けて体外に放出される。その瞬間、あろうことか私の意識は途絶えてしまった。

気がつくと、朝から咳き込んでいたのがぴたりと止まっていた。シャーマニズムは精神的な治療以外にも使用される。やはりこういう効果もあるんだなと思った。ビジョンというよりも、咳が止まっただけでも儀式を受けた甲斐がある。

「元気になった？」とフリエタは声をかけてきた。

「元気になった。咳が止まったよ」と私は答えた。昨日からイネスを恨んでしまうくらい咳がひどく風邪気味だったが、それももう過去の出来事である。

フリエタの儀式は、ジョンが言ったように最も儀式らしかった。途中で短い休憩を挟むものの、儀式が始まってから長い時間をかけて歌や祈り、お経などなにかしら言葉を口にしている。人によってはそれらが苦痛に感じるかもしれないが、私はフリエタの儀式が心地良かった。

21時過ぎに儀式は終わりを迎えた。フリエタが蝋燭に火をつけると室内が少しだけ明るくなった。彼女が部屋から出て行くとき私は深々と頭をさげた。感謝の気持ちをどうしても伝えたかったのだ。

「ムチシマス・グラシアス」

私が気持ちを込めて礼を言うと、フリエタは微笑んだ後に一言声をかけてくれた。

「あなたのスピリットにも感謝をするように」

そういえば人にお礼はするが、自分自身に「ありがとう」と感謝の気持ちを伝えたことは一度もない。メキシコの山奥まで来られるのも、こうやって儀式を受けることができるのも、私という存在があってこそだ。人に礼儀を尽くすのは大切だが、それと同じくらい自分にも感謝をするのは大切な事だと思い知らされた。いつも一緒にいる。生まれた時から一番長い時間をすごしてきている。そんな自分という存在をもっと大切にしていこうと誓った。

「あと30分くらい、ここでゆっくりしていきなさい」

そう言うと、フリエタは部屋から去っていった。

闇の中で揺れる蝋燭の炎。炎は右に揺れ、左に揺れ、右に揺れ、左に揺れている。不規則に揺れ動く炎はやがて鳥の姿に変貌し羽ばたいた。そして火の粉が儚げに散っていった。その光景を眺めていると、ウアウトラで受けた儀式の出来事が頭の片隅に浮かび上がってくる。1回目の儀式では距離感が狂い、ナタリアが遠くに見えたり近くに見えたりした。炭は生き物のように呼吸をしており、暗闇の中で燃え盛る炭を見ていると心が落ち着いていった。2回目の儀式では、村の上空を旋回する巨大な鳥を目の当たりにした。そして村をすっぽりと飲み込んでいく霧景色。視界が徐々に白くなっていき、やがて水墨画のような幻想的な風景を見ることができた。そして3回目の儀式では、時折立ち止まって歩みをとめ、自分のスピリットと向き合い対話することを学んだ。ここでしかできない代え難い経験をさせてもらった。

フリエタに会ってからシャーマンと呼ばれる人たちに興味を持ち始めた。なにより、シャーマニズムという世界をもっと知りたくなった。

多くの国で違法として扱われるマジックマッシュルーム。それがメキシコのウアウトラでは、合法的な「治療」として扱われているのは興味深い話だ。マジックマッシュルームを摂取した者が錯乱状態に陥り、事件や事故化したケースがあるため、日本などでは幻覚キノコは危険なものと認識されている。しかし、私が受けたマジックマッシュルームの儀式では、危険な出来事は一切起こらなかった。目に映る景色がこの世のものと思えないほど美しく、日常から切り離された空間は、時が流れるのを忘れるほど静寂に満ちていた。

他の幻覚植物を使った儀式は、いったい私をどんな世界に連れて行ってくれるのか。

こうして私は次なる幻覚植物「神々の雫アヤワスカ」を求めて、南アメリカ大陸に向けて飛び立つことになったのだ。

【第二章】神々の雫 アヤワスカ
~イキトス（ペルー）

ペルーの首都リマで6日間過ごしたあと、再びホルヘ・チャベス国際空港に戻ってきた。

当初はリマで7日間過ごす予定を立てていたが、滞在していたホテルを1日キャンセルしてイキトスに向かうことにした。リマ滞在中、日に日に増していったアヤワスカへの想い。私が南米に来た目的は、アヤワスカを飲み「ビジョン」を見るためだ。

陸の孤島と呼ばれるイキトスに行くには2通りの方法がある。

1つ目は、ホルヘ・チャベス国際空港から飛行機でイキトスまで行く方法。フライト時間は約2時間で簡単に行くことができる。もうひとつの方法は、プカルパというアマゾン川上流の村から貨物船に乗って行く方法。貨物船の場合、イキトスまで点在する村に寄りながら向かうので時間がかかる。プカルパからイキトスまでは、5日から7日ほどかかるという。

当初はプカルパからアマゾン川を下りイキトスに向かうことを考えていた。

しかし、船内では頻繁に盗難が起こるらしく、荷物が盗まれる事態は避けたい。飛行機の値段を調べてみると、ビバ・ペルーというLCCの航空券が預け荷物を含めて7400円ほどだったので、飛行機で向かうことにした。

熱狂のイキトス

飛行機は無事にリマを飛び立った。

1時間ほど経つと、窓の外には月に照らされたアマゾン川がうねうねと蛇が這うようにして流れているのが目に留まった。月夜に照らされた密林地帯を見ていると、念願のアヤワスカの儀式に確実に近づいていることが実感された。

「ピン、ポーン」という音が機内に鳴り響いた。一瞬、間があった後にスペイン語でアナウンスが流れる。

「あと20分ほどでイキトス空港に着陸します」

いよいよ陸の孤島イキトスに到着する。飛行機が高度を下げていくたびに私の気分は上昇していった。21時00分。ようやくイキトス空港に降り立つことができた。

飛行機のタラップを降りると、むわっとした熱帯地域特有の湿度が身体にまとわりついた。リマの気温は10度ほどだったが、イキトスは30度くらいはありそうだ。荷物を持って空港の外に移動しただけなのに、身体から汗が噴き出してくる。

空港の駐車場に着くと、モトタクシーと呼ばれる後部座席に3人ほど乗れそうなバイクが多く停まっている。イキトスでは車を目にすることは少なく、モトタクシーが庶民の足になっているようだ。運転手と値段交渉を済ませると、荷物を積み込みバイクに乗り込んだ。

空港から5分も走らないうちに、私はイキトスという街が気に入った。

リマの洗練された雰囲気とは違って、路上には屋台が並んでいる。屋台の横に設置されている鉄板では、肉や魚が焼かれ白煙がもうもうと立ち上がっている。その煙に巻かれるようにして地元の人たちがプラスチック製の椅子に座り食事をしている。煙の匂いは道路にまで漂ってきており、炭で焼かれた肉と魚の香ばしい匂いをかいでいると、食べなくても美味しさが伝わってくる。

中心部に近づくにつれ、交通量はどんどん増えていった。あと10分も走ればホステルに着くと思われたが、ついに大渋滞に巻き込まれてしまった。

信号は青にもかかわらず前に進む気配がない。私の乗るモトタクシーの周りには、隙間がないほどモトタクシーがびっしりと並んでいる。前後左右、見渡す限りバイクばかりである。

「いつもこんなに渋滞しているのか?」

「いや。今日が特別なだけだ」

運転手が私の方を振り返って短く答える。周りをよく見ると、モトタクシーのシートの上に立ち、上半身裸になって脱いだシャツを振り回す男たちがいる。バイクのホーンを何度も鳴らし、そのリズムに合わせるようにして身体をゆすって踊る人たちもいる。白地に赤のストライプが入ったユニホームを着ている人が多く、背番号は9番と20番が目につく。パレードでも行われているかのような盛り上がり方で、目に入るすべての人たちが満面の笑みなのが不思議だ。

いったい何が起こっているのだろう。

ホステルに向かう途中で遭遇したパレード。バイクの台数が多すぎて大渋滞になっていた

街は異様な熱気に包まれており、交通整理を行っている警官までもが笑みを浮かべながらバイクを誘導している。

「お祭りでもやっているのか？」

「まぁ、そんなところだ。ワールドカップの南米予選があって、ペルーがアルゼンチン相手に引き分けたんだよ」

ミラー越しに映る運転手もまた笑っていた。南米ではサッカーは最も人気のスポーツだ。以前滞在していたコロンビアでも試合のある日はみな酒を飲みながら観戦していた。しかし、イキトスはコロンビアの盛り上がり方とは一味違う。アマゾンの熱帯雨林の暑さが人々を熱狂へと駆り立てるのか。引き分けという結果にもかかわらず、この騒ぎだ。

空港から40分くらいかかっただろうか。やっとホステルに着くことができた。

チェックインを済ませて部屋に入ると、湿度が高いせいか身体がグッと重くなった。思えば夏、秋、真夏、と短い期間で様々な気候帯を移動している。

アヤワスカの手がかりを求めて

翌日は、蓄積された疲労でベッドから起き上がることができなかった。あるいはアマゾンの暑さで、早くも夏バテしたのかもしれない。それほどイキトスは暑い。

身体の調子が動けるくらいまで回復すると、アヤワスカの情報を求めて街に出かけることにした。まずはイキトス中心地にあるプラザ・デ・アルマ周辺のツアー会社を何軒か回ってみた。だが、アマゾンジャングルツアーばかりでアヤワスカについての情報を仕入れることはできなかった。

11月の南米は、北半球とは季節が真逆になるので夏真っ盛りで想像以上に暑い。私が汗っかきのせいもあってか、15分も炎天下のなかを歩き回っていると、吹き出した汗でシャツがぐっしょりと濡れる。ベンチに座り汗が引くのをじっと待っていると、私の横に男が腰を下ろした。

男の方を振り向くと、日に焼けた40代半ばくらいの痩せた男が顔をニヤつかせている。男と目があうと、「チーノ（中国人）か、ハポネス（日本人）か？」と話しかけてきたので、「ハポネス」と短く答えた。

「これから何か用事はあるのか？　今日は何をするんだ？」

男は私の予定を探るように尋ねてきた。

「ツアー会社を何軒か回って、休憩しているところだ」

「お目当てのツアーは見つかったのか？　安くて評判の良いツアー会社を紹介するよ。すぐ近くだからついてきな」

男は一方的に話を進めると、ベンチから腰を上げた。汗はもうすっかり引いている。特に当てもなかったので、男について行くことにした。

男の言った通り、マレコン通りからツアー会社までは3分もかからずに到着した。

開けっ放しの扉をくぐり中に入ると、アマゾン川の広域地図が壁にかかっていた。壁一面を覆う巨大な地図を眺めていると、店の奥からひとりの男が現れた。

「やあ、アミーゴ。どんなツアーに行きたいんだ？　アマゾンのジャングルツアーにスラムツアー、なんでも揃っているぞ」

「アヤワスカを飲みたいんだ。手配できるか？」

男は真剣な眼差しで聞いてきた。

「アヤワスカに興味があるのか？」

「イキトスにはアヤワスカの儀式を受けるために来たんだ。できればアマゾンのジャングルの中で儀式を受けたい」

私がそう告げると、男は大きくうなづいた。

「俺は今まで50回以上アヤワスカを飲んだことがある」

そして、なぜ儀式を受けることになったのか経緯を話し始めた。

「俺は昔ひどいアルコール中毒で、朝起きて酒を飲みはじめると寝るまで酒ばかり飲んでいた。さ

ベレン市場の裏にあるスラム街。イキトスではこうしたスラムを巡るツアーも開催されている。川の水位は雨期になると５〜６メートルほど上がるという。ガイドから「絶対に一人では行かないように！」と念を押された。よほど治安が悪いらしい

すがにそんな生活はよくないと思い酒を止めようとしたが、気づくと酒を飲んでいる。そんな時に知り合いのシャーマンに相談したら、アヤワスカを飲むことを勧められたんだ。儀式を何度も繰り返すことで、自然と酒を飲む機会が減っていった」

「アヤワスカを飲むとビジョンを見るそうだが、どんなものが見えるんだい？」

「ビジョンを口で説明するのは難しい。ただアヤワスカを飲んで調子の良いときは、ヘビ、トリ、ジャガーなどが見えるが……、人によって見える物は違うんだ」

私はアヤワスカに詳しい人を紹介してほしいと頼んだ。男は「分かった」というと、ポケットからスマートフォンを取り出して電話をかけ始めた。スペイン語での会話だが、アヤワスカ、セレモニアという言葉を何度も繰り返している。

男は電話を切ると、「別のツアー会社で働いている友人を紹介してやろう。友人も英語を話せるから、わからないことがあればなんでも聞くといい。俺以上にアヤワスカを飲んでいる男だ」と言った。

友人のオフィスは、イキトスの中心地にあるプラザ・デ・アルマの通り沿いにあった。

実は午前中にもそのオフィスの前を通っていたが、見かけはいたって健全なツアー会社だったせいか素通りしていた。オフィスの入り口には、アマゾンジャングルツアーの写真が飾ってあったり、イキトスからリマの飛行機の値段がアメリカドルで表示されている。オフィスの中に入り室内を見回してみるも、やはりジャングルツアーの情報や飛行機の値段しか書かれていない。すると、奥にある個室の扉が開き、中から男が顔を出し手招きをした。

中に入ると、6畳ほどの狭い部屋の中に突き出た腹が一際目をひく40代半ばくらいの男が立っていた。目が合うと「やあ。アミーゴ。俺はカルロスだ。よろしく」と英語で自己紹介をしてくれた。

「立ってないでソファーに腰をかけてくれ。さっそく本題に入るが、アヤワスカを何回飲むつもりなんだ？」

「とりあえず3回は飲んでみたいかな」

「アヤワスカを飲むのは初めてか？　俺は今まで144回飲んだことがある」

カルロスは豪快に笑ってみせた。特に144という数字の部分を強調するように喋ったのが印象的だった。おそらく初心者ではないということを強調したかったのだろう。

アヤワスカの値段について尋ねてみると、儀式を受ける回数によって値段が違うと答えた。3回儀式を受ける場合は、7泊8日で1600ソレスかかる（1ソルは約32円。2以上の数字が付く場合は複数形のソレスになる）。ツアー料金には宿泊施設まで行く往復のボート、英語を喋るガイド、日に3度の食事、トイレとシャワーが付いたプライベートルーム、そしてジャングルツアーの料金が含まれている。カルロスは、ジャングルに行けばお金は一切かからない、と付け加えた。

予想していた料金よりもはるかに安い。聞き間違えたのかと思い、改めてカルロスに料金について聞き返した。

「ほんとうに1600ソレス？　1600ドルの間違いじゃないか？」

「7泊8日で1600ソレスで間違いない。もしアメリカドルで支払いたいなら、491ドルだ」

と言い、ソルからドルに計算した電卓の数字を見せてくれた。

7泊8日で500ドル以下は破格だ。イキトスに来る半年ほど前からアヤワスカの儀式を受けられる施設をインターネットで探していたが、どこも1000ドル以上の料金だった。エクアドルのクエンカという街にある施設や、コロンビアのメデジン付近にある施設は1週間で1300ドルくらいの値段設定だった。イキトスの施設も調べてみたが、インターネットに出てくるような施設は1000ドルを超えている。1200ドルくらいが相場なんだろうと勝手に思い込んでいたので、500ドルという料金を聞いた後は妙に得した気分になってしまった。

カルロスは机の上に載っているコンピューターの電源を入れ、宿泊施設の写真や儀式の動画を見せてくれた。まず目に留まったのが、宿泊することになるロッジの写真だった。空から撮られた空撮写真だったが、ロッジの周りは見渡すかぎりジャングルが広がっており、建造物が一切ない。ロッジのすぐ近くには細い川が流れている。別の場所に移動するときは、毎回ボートに乗って出かけるという。部屋の写真も見せてもらった。客室は8畳程度の広さで、机、椅子、ベッドが置いてあるだけのシンプルなものだったが、清潔に保たれている。

写真を見終わると、ふと疑問が浮かんだ。どうして他の施設では1000ドル以上もするのに、ここでは半額以下の値段なのだろうか。宿泊施設は綺麗だし、もっと高い値段設定でも文句を言う人は少ないだろう。宿泊施設の値段や儀式の値段の違いについてカルロスに尋ねてみたが、はっきりとした答えを聞くことはできなかった。

しかし、興味深い話をしてくれた。イキトスも例外ではなく、偽物のシャーマンが観光客相手にアヤワスカの儀式を行っているという。偽物のシャーマンは、シャーマンになるための訓練を受けていなかったり、アヤワスカの煮詰め方を知らなかったり、イカロスの歌い方を知らなかったりすると教えてくれた。

「うちのシャーマンは本物のシャーマンだから何も心配することはない。ジャングルで修行を積みシャーマンになった。俺はこのシャーマンの元で何度も儀式を受けてきたんだ。素晴らしい力を持ったシャーマンだから、なにも心配しなくていい」

ペルーには、サンペドロという幻覚サボテンもある。アヤワスカと一緒にサンペドロの儀式も受けることができるのだろうか。

「サンペドロは扱っていないが、カンボならあるぞ。カンボを知っているか？」

カンボ……、聞きなれない言葉だ。何かの植物だろうか。

「アマゾンに生息するカエルの毒を使用した儀式だ。カエルから採取した粘膜を、焼いた皮膚に塗りつける。毒を皮膚につけることによって体中を綺麗に掃除することができるんだ。アヤワスカのようにビジョンを見ることはないが、アマゾンに伝わる伝統的な呪術の一つだ。カンボで身体を綺麗にした後に飲むアヤワスカはいいぞ。もしサンペドロに興味があるんだったら、クスコに行くといい。ここはアマゾンだから、アヤワスカの儀式とカンボの治療を受けるといい」

カンボとアヤワスカ、私は好奇心が湧き上がるのを感じた。カルロスはそんな私を見て、畳み掛けてきた。

「アヤワスカならベレン市場で売っている。体験したいだけだったら、それを買って飲めばいい。ただ、シャーマンの元で儀式を行わないと良いビジョンを見ることはできない。街なかにはバイクの走行音や人工の光が溢れている。アヤワスカの儀式を行うには環境が悪すぎるんだ。その点、ジャングルの中は静かで安全だから、シャーマンの儀式を受けるのに適しているんだよ」

たしかにそのとおりだろう。ウアウトラではシャーマンの歌を聴き、祈りを聴いていると不思議とひどいバッドトリップに陥ることはなかった。もしひとりでキノコを食べていたとしたら、あそこまでの体験はできなかったかもしれない。

私はカルロスのツアーに参加することにした。7泊8日の日程で、アヤワスカの儀式を3回、カンボの治療を1回受ける。延長料金を払えば、現地での滞在日数や儀式の回数を増やすことができるというのも決め手だった。

ジャングルの奥地を目指して

昨夜の雨がまぼろしだったようにツアーの出発当日は晴れていた。

イキトスに来て1週間が経つが、乾期にもかかわらず毎日のように雨が降っている。雨は1日中降ることはなく、30分から1時間くらい激しく降り続いたあとは、気持ちが良いくらいスカッと晴れて蒸し暑くなる。

カルロスの話では、朝8時にガイドが迎えに来ることになっていた。しかし5分が過ぎ10分が過ぎてもやってくる気配がない。ここはアマゾン。時間なんてあってないようなものだと思い、ホステルで働く従業員と雑談をして時間を潰していると、ホステルの前に1台のバイクが停まった。

男はバイクから降りてホステルに入ってくると、「やぁー。遅れてすまない。今日から1週間ガイドをするホセだ。よろしく」とスペイン語訛りが強い英語で握手を求めてきた。私はホセと握手を交わすと、簡単な自己紹介をした。

「さっそくだが、みんながツアー会社の前で待っているから、準備ができているならすぐに出発しよう」

お世話になったホステルの従業員に別れを告げ、バイクに乗ってツアー会社に向かった。

ツアー会社の前では、2組の観光客がモトタクシーの座席に座って待機していた。

一組はペルーの首都リマから遊びに来ているペルー人で、彼らは日帰りツアーだからロッジには泊まらない。もう一組は20代前半くらいのドイツ人女性2人組。北米から南米まで旅をしており、かねてから興味があったアマゾンまで来たという。私も彼女たちと同様にメキシコから南下してきたこともあり、モトタクシーが出発するまで旅の話に花を咲かせた。

ツアー会社から船着場までは、モトタクシーで10分くらいだった。

まだ8時半を過ぎたばかりというのに、市場では果物や魚を運ぶ男たちが大汗をかきながら忙しなく働いている。鈴なりに生ったバナナを10束ほど背中に背負って運ぶ男がいたり、大量のマスのような魚が入った籠を運ぶ男がいた。路上の脇では魚やワニ、鳥、野菜など様々な食材が炭火で焼かれており、煙がもうもうと立ち上がっている。

その中でもひときわ異彩を放っていたのは、スリというイモムシである。長さ20センチほどの串に刺された5匹の幼虫が身動き一つせず網の上で焼かれている。店主の足元にはバケツが置いてあり、その中には生きている3センチから5センチほどの幼虫が数え切れないほど入っている。ウネウネと動き回っており、かなりグロテスクだ。

ホセは網の上で焼かれているスリをじっと見つめた後、「朝食はまだ食べてないよね？　スリは栄養がたっぷり含まれてて健康にいいんだ」と言うと、1本のスリを購入した。

ここでスリを食べなかったら、今後幼虫を食べる機会はないだろう。ホセ、女の子2人、そして私で一匹づつ幼虫を食べることになった。スリを口の中に入れると、しばらく舌の上で幼虫を転がしてから噛み締めた。

食感はプニュプニュしており、グミを噛んでいるような歯応えだ。硬くもなく、柔らかくもない。見た目こそグロテスクだが、味は悪くない。しかし、もう一匹食べたいかと聞かれたら私は迷わず首を横に振るだろう。

スリを食べた後は自由行動になった。ロッジには滞在するのに必要なものはすべて揃っているので、水だけ購入することにした。自由行動の時間が終わると、市場の奥にある船着場の前に集合することになった。

船着場に着くと、すでにホセや女の子たちはボートに乗って待機していた。私たちが乗るボートは木でできており、8人ほどが座れる木製の長いベンチが向かい合って設置されている。ボートの後部には船外機がついているものの、一機しかないのであまり速度が出そうもない。操縦士が船外機のロープを引っ張ってエンジンをかけると、私たちはジャングルに向けて出発した。

アマゾン川の水の流れは想像以上に早い。川に浮かぶ流木が川の流れでどんどんブラジル方面に流されていく。川幅は広く、岸辺がはっきりと見えないほど遠くにある。アマゾンほど川幅が広い川を見るのは初めてだった。川だというのに小さな波が立っている。ボートは波が当たるたびに、海の上を走行するヨットのようにゆらゆらと揺れた。さっきまで写真や動画の撮影に忙しかった女の子たちも、船酔いしたのか、いまでは静かになっている。

そのとき、ボートから15メートルほど離れた水面から何かが飛び上がった。一瞬の出来事だったのではっきりとは確認できなかったが、かなりの大きさだった。ボートの周囲を見渡し、生物の影を探していると再び謎の生物が水面から飛び出した。今度は10メートルも離れていない距離だったので、正体をはっきり見ることができた。生物の正体は、アマゾン川に生息するカワイルカだった。

アマゾン川を1時間半くらい走ると、ボートは右折をして川幅50メートルくらいの支流に入った。5分も走ると川の流れは次第に弱まっていった。遠くの水面は湖のようにさざ波一つ立たないほど滑らかで、空に浮いている幾つもの白い雲が鏡に映し出されたように水面に投影されている。

ボートのエンジン音以外は人工的な音は一切聞こえない。川の両岸は草原になっており、鳥たちのさえずりが「ピヨピヨ、チュンチュン」と響き渡っている。ようやくジャングルに向かっているという実感が湧いてきた。まっすぐに伸びる支流を15分くらい進むと操縦士はエンジンを切り、ボートを岸につけた。

「ここから15分くらい歩いて別の川に向かう。荷物を持ってボートから降りよう」

無人のボート乗り場から歩いてすぐに高床式の家が点々と建ち並ぶ村の入り口に着いた。

雄大に流れるアマゾン川。川の水は茶色く濁っていた

ホセによると、雨期には一階部分が水に浸かってしまうほど水位が上がるという。乾季の時期であるいまは一階部分が雑貨屋になっており、飲料、軽食、ちょっとした日用雑貨などが売られている。商品の値段を見ると、ジャングルまで運搬する手間賃が加算されているのか、イキトスで売っている同類の商品よりも値段が高かった。

村の中を歩いていると、視界が開け全長50メートルくらいの大きな広場が現れた。広場では小学校低学年くらいの子どもたちが、ボールを夢中で追いかけて遊んでいる。子どもたちの姿を目で追っていると、「ここは学校のグラウンドだ」とホセは言った。

この村の人口はせいぜい100人くらいだろう。そんな小さな村にも学校があることに驚いてしまった。そもそもアマゾンのジャングルの中に学校があること自体が信じられない。

ホセは一軒の比較的大きな高床式の建物の前で足を止めると、「ここが校舎だよ」と教えてくれた。建物の周りにも子どもがおり、私たちに好奇の目を向けている。建物の中では笑顔の子どもたちが手を振っている。そんな彼らを見ていると、ふと疑問が湧いてきた。

いったいこの学校では、どんな教育を施しているのだろうか。ジャングルの中では一般的な教育よりも、狩りの方法やジャングルの掟、食べられる食材の見分け方、病気になったときに使う薬草など、ジャングルで生き抜くための教育の方が必要に思えてくる。

私が疑問をぶつけると、ホセはイキトスで受ける一般的な教育とそう変わらないと教えてくれた。

村の奥にあるボート乗り場に向かう途中。
照りつける日差しが強く、５分も歩いていると汗が噴き出してくる

たとえジャングルで生活していても、ある程度年齢を重ねたら仕事を求めて街に出て行くかもしれない。ペルーのどこでも生活ができるように、子どもたちは普通の義務教育を受けているのだ。

村を抜けると木々が生い茂るジャングルになった。だが、足元には村からずっとアスファルトの道が続いている。よくこんなところまでアスファルトを敷けたものだ。感心しながら歩いていると、ホセが声をかけてきた。

「キミは日本人だったよね？　このアスファルトを敷いたのは、ペルーの元大統領アルベルト・フジモリなんだ」

ホセによると、この道はかつてむき出しの土の路面で、雨が降る度にグシャグシャになるため、村人たちが困っていたという。それがアスファルトを敷いたおかげで一変した。雨が降っても通行できるようになっただけでなく、モトタクシーで大量の荷物を運搬できるようにもなった。

別の場所では、川を渡れるように橋を作ってくれたり、ソーラーパネルを支給してくれたりと、フジモリ元大統領は、ジャングルで暮らす人々には今でも絶大な人気なんだと説明してくれた。

ジャングルを抜けると、川幅15メートルくらいの細い川に着いた。

川の水はアマゾン川よりもさらに茶色く、キャラメルのような色をしている。川岸には数隻の小さなボートが停泊しており、ボートの操縦士がひまそうにぼんやりしていた。私たちはそのうちの一隻、6人乗りくらいの小さなボートに乗り込んだ。目指すロッジまではあと少しだ。

ボート乗り場まで舗装された道が続く。
モトバイクで荷物を運搬することもできるようになっている

シャーマンのアヤワスカ作り

木々に囲まれた川を進んでいくと、両岸にぽつりぽつりと集落やロッジがあるのが目につくようになった。川の岸辺では、カヌーに乗った人が魚釣りをしていたり、川の中に入って身体を洗っている女性がいたり、木と木の間にロープを吊るし、その上で洗濯物を干しているなど生活感が溢れる光景が広がっていた。これだけジャングルの奥深いところにも人間の暮らしが根付いてることに驚いてしまった。

しばらくすると、ボートは小さな船着場に停まった。

船着場の15メートルほど先には、長さ20メートルほどの大きなロッジが建てられている。ロッジの屋根には葉っぱが何層にも重ねて積まれており、壁の代わりに網戸が全面を覆っていた。大きなロッジの左右には8畳ほどの小さなロッジが4棟ずつ並んでいる。イキトスの船着場を発ってから約3時間。ようやく私たちはロッジに辿り着くことができた。

想像以上の長い道のりに疲れてしまった私は部屋の中に入ると、しばらくベッドの上で休むことにした。30分ほどベッドの上でうだうだしていると、ホセが部屋にやってきた。

右に座っているのはガイド役のホセ。ロッジを目指してアマゾン川の支流を進む

途中では小さな民家も見かけた

「これからロッジの裏にあるジャングルを探検しに行くんだけど、一緒に行く？」

ジャングル探検には興味をひかれたが、ホセの誘いを断ることにした。ロッジの隅ではシャーマンがアヤワスカを作っている最中だった。どのようにしてアヤワスカを作っているのか、見学したかったのだ。

ホセたちがジャングルの中に入っていくのを見届けると、シャーマンがアヤワスカを作っている場所に移動した。遠くからシャーマンの姿を見ると、イキトスの街に暮らす人たちとそう変わらない出で立ちなので拍子抜けしてしまう。どう見てもアマゾンのシャーマンには見えない普通の中年男である。アマゾンのシャーマンといえば伝統的な衣装を着ているか、あるいは裸に近い原始的な格好を想像していた。

「オラー。あなたがシャーマン？」と尋ねると、30代半ばくらいのキリッとした顔立ちの男は「オラー。私が今夜儀式を行うシャーマンだ」と答えた。

シャーマンの前には火にかけられた30リットルくらいの容量の大きな鍋がある。鍋の中では液体と共に大量の葉っぱが煮詰められており、ボコボコと泡立って湯気が立ち込めている。中を覗いてみるものの、湯気がもうもうと立ち上っており、アヤワスカの色を確認することはできない。

「まだ4時間ほどしか煮詰めてない。アヤワスカが完成するまであと6時間くらいかかる」

シャーマンはそう教えてくれた。

アヤワスカを煮詰めるシャーマン

鍋の近くにはマパチョと呼ばれるピュアタバコが束になって置いてある。シャーマンはマパチョをくわえ火をつけると、「ヒュヒュ」と口笛を吹くような音を混ぜながら鍋の中に煙を吹きかけた。見ていると、それを何度も繰り返している。理由を尋ねると、シャーマンはおまじないみたいなものだと教えてくれた。

アヤワスカを煮詰めているところを撮影し終えると、アヤワスカが完成するまでロッジに戻ることにした。

ロッジの中にあるハンモックの上でくつろいでいると、ホセたちが戻ってきた。ホセの額には汗が浮かび、運動を終えたときのように清々しい表情をしている。しかし、女の子たちは対照的に疲れ切った表情をしていた。ジャングル探検どうだった？」と女の子たちに尋ねたが、しばしの沈黙が流れただけで返事が返ってくることはなかった。

「アヤワスカの方はどうだった？」

女の子のひとりが聞いてきた。

「あと6時間くらい煮詰めるらしいから完成するのは19時くらいになるだろうね。ところで今夜アヤワスカを飲むんだよね？　緊張している？」

「私たちは飲まないわ。ジャングルツアーに参加しただけだから」

彼女たちも一緒に儀式を受けると思っていたので驚いてしまった。ホセに今夜アヤワスカの儀式

ロッジの大広間。食事をするときや、話をするときに集まる

を受けるのは何人いるのか尋ねてみると、私だけという意外な答えが返ってきた。

だが、これはかえって好都合だ。儀式を受けるなら一人で受けたいと思っていた。あまり面識のない人たちと儀式を受けるのは抵抗がある。安心できる環境の中で儀式に集中したいからだ。

完成したアヤワスカ

16時ごろ、私たちはカヌーに乗って釣りに出かけることになった。ロッジから10分ほど離れた岸辺の木にロープでカヌーをくくりつけると、川の上でぷかぷかと浮かびながら釣り糸を垂らした。釣竿は、木の枝に釣り糸がついただけの釣竿とは呼べない代物だったが、そのほうがかえってアマゾンらしくていい。釣りのフックに魚の破片をくくりつけて川の中に放り込むと、餌につられたピラニアがすぐに食いついてきた。

誰と会話をするでもなく、1時間ほど釣りを楽しむ。川の流れに揺られながら、鳥のさえずりに耳を傾け、川を流れる水の音に耳を澄ませる。アヤワスカを飲んだらどんなビジョンが見られるのか。私はジャングルの代わり映えしない景色を眺めながら、期待に胸を膨らませていた。釣った魚は今晩のご馳走になるようだが、私はアヤワスカを飲むので残念ながら夕食を摂ることができない。

ホセがロッジに戻ろうかと言い出した時には、空がオレンジ色に染まり始めていた。日が暮れて真っ暗になる前に、カヌーを漕いでロッジに戻ることになった。

儀式が始まる1時間前、ハンモックの上で左右に揺られながら時間をやり過ごしていた。夕食を食べ終えたホセが私の隣にあるハンモックにやってきた。2人でぶつからない程度に左右にハンモックを揺らしながら遊んでいると、ホセが突然話しかけてきた。

「緊張しているか？」

「アヤワスカに限らず、初めて何かをするときはたいてい緊張するよ」

「ははは。今日は1回目だし、あまり深く考え過ぎずに飲むといい」

「ホセはこれまで何回飲んだことある？」

「5回ほど飲んだ。アヤワスカを飲むたびにあの強烈な味を思い出し、気持ち悪くなるんだ」

「アヤワスカってそんなに不味いのか？」

ホセは苦笑いを浮かべながら、味わわないで一気に飲み干したほうがいいとアドバイスしてくれた。他に何かアドバイスはあるのか尋ねてみた。ホセは「余計なことはあまり考えずにシャーマンのイカロスに集中することだ」と教えてくれた。

私たちはアヤワスカの儀式について話をしていると、シャーマンがやってきた。シャーマンは空いているハンモックに腰をかけると「アヤワスカができたよ」と言い、瓶を私に差し出した。

2リットルくらいの瓶の中には茶色の液体が満タンに入っている。瓶を左右に振ってみると、ドロドロした濃厚な液体はゆっくりと左右に傾いた。カフェオレのような色をしており、世間で言われているほど不味そうには見えなかった。

そもそもアヤワスカとは何なのか、ここで簡単に説明しておこう。

アヤワスカはペルーをはじめ、エクアドルやコロンビア、ブラジルといったアマゾン川周辺の国々で長年にわたって使用されている伝統的な幻覚剤だ。

主な原料となるのはアマゾン川流域に自生する、バニステリオプシス・カーピという植物の蔓。そこにジメチルトリプタミン（DMT）を含む植物を加えて、10時間ほど煮詰めることで抽出される。私がアヤワスカを知ったのは、10年以上前に読んだアメリカの作家、ウィリアム・バロウズとビートニクの詩人、アレン・ギンズバーグの共著『麻薬書簡』である。この本の中ではアヤワスカは「ヤヘイ」と呼ばれていたが、そのほかにも呼び名があるようだ。

アヤワスカには非常に強力な幻覚作用があり、人によっては人生観を覆すほどの強烈な体験をするともいわれている。近年では鬱病などの精神疾患への治療効果が研究されており、外国人観光客向けに、アヤワスカを体験できるアヤワスカツアーも行われている。ホセによると快楽目的でツアーに参加する人は少なく、大部分の人は自己探求の一環としてアヤワスカを飲むのだそうだ。

完成したアヤワスカに見とれているシャーマン。
上手く煮詰めることができたのか上機嫌なのが印象的

シャーマンに瓶の蓋を開けても平気か尋ねてみると、シャーマンは笑いながらうなづいた。キャップを開けて香りを嗅いでみる。土くさい匂いがするものの、顔を背けたくなるような悪臭というわけではなかった。蓋が開いたままの瓶をホセに手渡すと、ホセも瓶に鼻をつけて匂いを嗅いだ。ホセの反応は私とは正反対で、眉間に皺をよせて顔をしかめるとすぐに瓶から顔を背けた。どうやら人によって感じ方が違うらしい。

ホセから瓶を受け取るとシャーマンは話を切り出した。

「まだ21時前だけど、儀式を始めてもいいか？」

「準備はできているからいつでも平気だ」

そう答えると、10分後に私の滞在している部屋に集合することになった。

念願の儀式開始

時刻20時38分。ホセとシャーマンが部屋にやってきた。シャーマンの左手にはアヤワスカの入った瓶が握られており、右手にはイカロスを歌う時に使用する束になった葉が握られていた。

シャーマンは椅子に腰を下ろすと、さっそく儀式の準備に取り掛かった。

まずアヤワスカの入っている瓶の蓋を開け、ショットグラスほどの大きさのコップの中に茶色い液体を注ぎ込む。そして、マパチョに火をつけると、アヤワスカを煮詰めているときと同じように「ヒュヒュ」とショットグラスの中に煙を吹きかけた。そして両手でショットグラスを包み込み、「リンピエサ、アヤワスカ、リンピエサ、アヤワスカ」と何度も繰り返し祈りを捧げた。ところどころに私の名前が挟まれているのが印象的だった。

シャーマンが祈りを捧げているのを眺めていると、ずいぶん遠くに来たんだなという実感が湧いてきた。都市部で育ってきた私には、ジャングルの中は日常と遠くかけ離れた環境である。ロッジでは支給されたソーラーパネルの電気を使うことができるものの、一歩外に足を踏み出せば人工的な光はどこにも見当たらない。目の前にはアヤワスカに祈りを捧げているシャーマンが座っている。それだけですでに幻覚でも見ているんじゃないかと思えるほど非現実的な光景だ。

祈りを終えたシャーマンからショットグラスを受け取った。アヤワスカを飲む前に、自分でもお祈りをしてくれと言う。何を祈ればいいのかわからなかったが、バッドトリップしないように、あわよくばビジョンが見られるように祈った。そしてジャングルまで無事に来られたことに感謝をしつつ、ショットグラスに口をつけた。

グラスを傾けると、口の中にどろどろとした液体が流れ込んできた。口の中に含まれた液体は、喉の奥へとゆっくりと流れ落ちていく。ホセは味わわずに一気に飲み干したほうが良いとアドバイスしてくれたが、あえてその忠告を無視して味わうようにしてアヤワスカを流し込む。口の中には今まで飲んだことがない土臭く強烈な苦味が広がった。だが、決して吐き出したくなるような不快な味ではない。

アヤワスカをすべて飲み干し、空になったグラスをシャーマンに戻した。シャーマンはポケットから10センチほどの小さな瓶を取り出すと、瓶の蓋をあけて中の液体を手のひらにかけてくれた。

「手についた香水を嗅ぐんだ」

言われた通り、匂いを嗅ぐとラベンダーのような香りがした。甘い香りが鼻の奥へとすーっと入ってくる。少し嗅いだだけで、気分がグッと良くなる不思議な香りだった。手についた匂いを何度も嗅いでいると、いつの間にか口の中に残っていたアヤワスカの苦味もすーっと薄れていった。

シャーマンはショットグラスの中に半分ほどアヤワスカを注いだ。どうやら儀式を行うのにシャーマン自身もアヤワスカを飲むようだ。

両手でショットグラスを包み込み「リンピエサ、アヤワスカ、リンピエサ、アヤワスカ」と祈りを捧げ、グラスの中に入っているアヤワスカを一気に飲み干した。そして私にしたのと同じように、シャーマンも自分の手のひらに香水をふりかけて、その匂いを嗅いだ。

その一連の動作を終えると、シャーマンは儀式についてざっくりと説明してくれた。

「儀式中にタバコは吸ってもいい。だが、水分を摂るとアヤワスカの効果が薄れてしまうから、儀

儀式で使用する３種の神器。
右からアヤワスカ、マパチョ（タバコ）、葉で作られた団扇

式が終わるまで水を飲むのは控えてほしい。準備はいいか？」

私が小さくうなづくと、シャーマンは椅子から立ち上がり部屋の電気を消しにいった。電気が消えると、部屋の中は一寸先すら見えない暗闇になった。

いよいよアヤワスカの儀式が始まる。

暗闇の中で目を閉じてじっとしていると、急に不安がこみ上げてきた。すでに飲んでしまったから手遅れだが、アヤワスカはＬＳＤの何倍もの幻覚作用があると言われている。そんな強烈な幻覚に私は耐えることができるのだろうか。あるいは想像を超えたビジョンを見て、精神が崩壊してしまったら……。そんなことを考えていると恐怖が湧いてきた。

シャーマンの話では、早ければ飲んでから20、30分で効果が現れるという。もう少し待っていれば身をもって何かを感じることができるだろう。

「バサッ、バサッ、バサ、バサ、バサッ」

シャーマンが束になった葉を振りかざしながらイカロス（ビジョンをコントロールするための歌や口笛）を歌う。シャーマンの声が暗闇の室内に響き渡る。

歌詞の内容は理解できないが、アヤワスカを飲む前の祈りのときにも出てきた「リンピエサ、アヤワスカ」などの言葉が繰り返されている。葉を振りかざす速度は不規則だが、イカロスに集中していると安心感が湧き上がってくる。目を閉じて壁にもたれかかっていると、いつしか歌は終わっており、葉を振るう音だけが「バサバサ、バサバサ」と鳴り響いていた。しばらくして「スーッ」と大きく息を吸い込む音が聞こえた。シャーマンが深呼吸をしているようだ。そして、勢い良く吸った空気を吐き出すと、葉の音に重ね合わせるようにして口笛を吹き始めた。

ジャングルの夜は思ったよりも騒がしい。虫がいたるところで鳴いており、その音は途切れることなく延々と続いていく。昼間は虫の鳴き声が気にならなかったが、日が暮れて夜になったとたんに多種多彩な虫たちが鳴き始める。

初めはバラバラに聞こえていた虫たちの鳴き声が徐々に重なり合っていく。いつしかオーケストラの演奏でも聴いているような気分になり、不愉快だった雑音は美しい音色へと変わっていった。

虫たちの鳴き声に耳を傾けていると、その音をコントロールしているのは実はシャーマンではないかと思えてきた。シャーマンが葉を振りかざし、ジャングルの指揮者へと変貌を遂げていく姿が頭に浮かぶ。虫たちはシャーマンの歌う美しきイカロスに共鳴し、ジャングル合唱団が誕生したのだ。

ジャングルの奏でるオーケストラに心を奪われていると、瞼の外側がピカピカと光っていることに気づいた。外界の様子が気になった私はゆっくりと目を開けてみた。暗闇だった室内はフラッシュライトを灯したような、白っぽい眩しい光に照らされていた。しかし、その光は2秒もしないうちに突然消えてしまった。一瞬の出来事で何が起こっているのかわからなかったが、上空で鳴り響くゴロゴロとした音を聞いて合点がいった。音は雷が唸りを上げる轟きだった。雷がどこかへ落ちると部屋の中に光が射しこむ。一瞬の光であるが、その度に室内の様子を伺い知ることができるようになった。

さきほど初めてシャーマンを見たとき、特徴がない外見に拍子抜けしてしまったと書いた。本当にアマゾンのシャーマンなのか疑ってしまったほどだ。しかし、現在のシャーマンはまるで違う。室内に光が差し込むたびに、神妙な顔つきで葉を振るうシャーマンの姿が浮かび上がる。椅子に座ったまま上下にバタバタと葉を振りかざし、イカロスを口ずさむその姿は、まさに「我こそがアマゾンのシャーマンだ」という言葉が当てはまるほど勇ましい。

何度目かの光が室内に入ってきたとき、部屋にかかっているカーテンの柄が毎回変化していることに気づいた。最初はカーテンの柄が古代エジプトの風景画に見えたが、次に室内に光が差し込んだ時は、カーテンを動かしていないのにもかかわらずインカ帝国の風景に切り替わっていた。

アヤワスカの効果が出始めてきたのだろうか。いや、そうではない。カーテンの柄が風景画に見えるのはたんなる目の錯覚で、幻覚でもなければビジョンでもない。アヤワスカを体験した人たちの話を聞く限り、「ビジョン」というのはもっと強烈で、人生観を変えるほどの経験をもたらすものだという。カーテンの柄が変化する程度では、人生に影響を与えることは何一つないだろう。

時間を確認すると、アヤワスカを飲み始めて1時間が経過していた。徐々に視覚に変化が起こり始めているものの、いわゆる「ビジョン」と呼ぶにはまだほど遠い気がした。

それからしばらくすると、雨が降ってきた。かなりの大雨のようで、ラジオの周波数が狂ったときのような「ザァーザーザァーザー」という音が鳴り響いている。だが、決して嫌な気分ではない。雨が降れば気温がいくらか下がり、過ごしやすくなる。

あれほどうるさかった虫の鳴き声は雨の音に流されてしまったのか、どこかへ突然消えてしまった。そして虫の鳴き声と同じように、シャーマンの歌うイカロスもどこかへ消えてしまった。勢いよく降り注ぐ雨の音だけが聞こえる。いつの間にかジャングル合唱団は解散してしまったらしい。

私は立ち上がり、テーブルに置いてあるタバコを掴むと火をつけて吸い込んだ。着火したライターの火でほんの一瞬、周囲が明るくなった。ホセは疲れてしまったのか、ベッドの上で大の字になっているのが見えた。だが、不思議なことに椅子に座っていたはずのシャーマンの姿が見当たらない。もし部屋から出ていったのならば、扉を開ける物音や人の動く気配でわかったはずだ。いくらシャーマンでも物音を立てずに部屋から姿を消すのは不可能だろう。

気味が悪くなった私はスマートフォンのフラッシュライトで部屋の中を照らした。椅子の上に座っていたはずのシャーマンの姿はやはり見当たらない。

突然降り出す大雨といい、突然消えてしまったシャーマンといい、めまぐるしく変わっていくジャングルの環境に私は混乱し始めていた。シャーマンがどこかへ失踪してしまったのなら、もう儀式どころではない。

ホセにシャーマンが消えてしまったことを伝えなければと思った。ホセが寝ているベッドまでは2メートルほどの距離だったが、室内は真っ暗で足元が見えない。再びスマートフォンのフラッシュライトをつけて足元を照らし、ふらつきながら1歩2歩と床を這うようにベッドに向かった。ホセの寝ているベッドまで近づいたとき、床の上をなにやらゴソゴソ動き回る音が聞こえた。物音がする辺りにフラッシュライトを当てると、そこではどこかへ消えてしまったはずのシャーマンが寝返りをうっていた。

まさか儀式の最中に床の上で寝ているとは思いもしなかった。フラッシュライトをシャーマンの顔に当ててみたが、深い眠りについているのか起きる気配がない。私はここでいったい何をしているのだろうか。そんなとき、ふとある言葉が頭の中を駆け巡った。

「ペルーには偽物のシャーマンが多いから気をつけろ！　ペルーには偽物のシャーマンが多いから気をつけろ！」

ペルーの真上には、エクアドルというガラパゴス諸島や赤道で有名な国がある。エクアドルもペルー同様にアヤワスカが合法で、儀式を受けることができる施設が点在している。エクアドルでは試験に合格したシャーマンのみが合法的に儀式を行える。だから、ペルーとは違ってエクアドルには偽物のシャーマンが少ない、とウェブサイトに書いてあった。ただし、試験に合格したシャーマンから儀式を受けるのでペルーに比べると値段設定が高い。

雨の勢いが次第に弱まっていくと、突然シャーマンは起き上がり椅子に座った。そして何事もなかったようにイカロスを再開させた。だが、「バサッ、バ、サ、バサ、バ、サ」と葉を振るう音の切れが悪くなっている。さっきとは別人のようなありさまだ。ジャングルの指揮者へと変貌を遂げ、自然界を巧みにコントロールしていた勇ましいシャーマンの姿はどこにも見当たらない。

徐々に葉を振るう速度が速くなっていくと、シャーマンは歌うのをやめて口笛を吹き始めた。そして口笛を吹き終わると、シャーマンはマパチョに火をつけて「ヒュルルル、ヒュルルル」とジャングルの中に住み着くオウムのような鳴き声を出した。

シャーマンは突然イカロスを止めると、「ビジョンは見られたか？」と尋ねてきた。

「いや、何も見られなかった」

「儀式を始めてから4時間が経つ。今夜の儀式はもう終わりだ」

シャーマンはそう言うと、ベッドで大の字で寝ているホセを叩き起こし、部屋へ戻っていった。

なぜビジョンを見ることができなかったのだろうか。食事制限は言われた通りやってきた。毎日のように飲んでいたコーヒーは4日前から断っている。食事は肉類を摂るのをやめて、野菜中心にしている。儀式中は水を飲まないでくれと言われたので、水分も摂っていない。

アヤワスカの効果を最大限に引き出すため、カルロスやシャーマンに言われた注意事項はすべて守っていた。シャーマンが急に消えてしまったり、大雨が降ったりと、めまぐるしく変わっていく環境で集中力がなんども途切れてしまったのが原因だろうか。

1回目の儀式ではビジョンは見られなかったが、弱いながらもアヤワスカの効果を感じることはできた。アヤワスカを飲んでから6時間ほど経つが、いまだに瞳孔が開いており、目が冴えている。普段ならとっくに寝ているような時間なのに眠くならない。マジックマッシュルームを食べた時と同様に、私は夜明けまで眠ることができなかった。

アマゾンの怪奇現象

ロッジに来て2日目の夜、ホセはペルーのアマゾンで起こる怪奇現象について話をしてくれた。

ある2人の漁師が、魚を売りに小型のボートでイキトスに向かっていた。まだ外は暗く、ライトをつけてないと走れない時間帯だった。イキトス付近にさしかかったとき、一隻の船が漁師たちのボートに向かってきた。船には乗客らしき人影が多数見えた。漁師たちは、なぜこんな時間に大勢の客を乗せた船が走っているのか疑問に思った。

船が漁師たちのボートに近づいてくると、船の甲板に立っている男が大きな声で話しかけてきた。

「ボートの上に載っている魚を全部売ってくれないか？」

「この魚はイキトスの市場で売る魚だ。売ることはできない」

漁師は男の申し出を断った。

それでも男は諦めずに話を続けた。

「頼む売ってくれ。お金ならたくさんあるが、食料を持ってないんだ」

そう言って、男は大量の札束を漁師たちに見せた。

漁師が懐中電灯で男の手を照らすと、イキトスで売る額の何倍ものお金を持っていた。漁師たちは相談し、男に魚を売ることにした。

男に魚を売り払うと、漁師たちは大金を得たことでボートの上で喜びを分かち合っていた。

漁師たちから魚を受け取ると、船はブラジル方面にゆっくりと進んでいった。しかし、まもなく目を疑うような出来事が起こった。

「おい。あれを見ろよ」

漁師の一人がライトで船を照らすと、船はあろうことかアマゾン川へどんどん沈んでいくところだった。新しかった船は、みるみるうちに廃船へと姿を変えていき、川の中へと沈んでいく。

さっきまで話していた男や大勢の乗客たちは、人からイルカの姿に変わってしまい、川の中へ消えていった。漁師たちは目の前の光景にただ唖然とするしかなかった。

「金は大丈夫か？」

ひとりの漁師が我に返り、受け取った金を確認した。魚を売って得た大金は、大量の葉っぱに変わっていた。

ホセは一通り話し終えると「こういう奇妙なことはアマゾンでは本当に起こるんだ」と言った。

「他にも話を聞きたいか？」と尋ねてきたので、私はうなづいた。

「アマゾン川には海賊がいるんだ」

「え？　海賊？」

「海賊というより強盗と言った方がわかりやすいかもしれない」

そう言うと、ホセは少し声のトーンを落として続けた。

「ジャングルで生活をする家族に起こった実際の事件だ」

夕暮れ時だった。買い出しに出かけていた家族は、日が暮れて真っ暗になる前に家に戻りたかった。ボートのスピードを上げながら川を走行していると、遠くから一隻のボートがやってくるのが目に入った。

ここら辺では見かけない男だと思ったが、すれ違いざまに挨拶をした。

しかし、男は無愛想で、挨拶の返事が返ってくることはなかった。

そのまま2隻のボートはすれ違い、男の乗ったボートはどんどん遠ざかっていくように思えた。

が、突然、男のボートはUターンし、猛スピードで家族の乗るボートを追いかけてきた。そして男は家族の乗るボートの横にくると、銃を構えて「金目の物を全部出せ」と脅してきた。家族たちは強盗に言われたように金目の物をすべて差し出した。そして命だけは見逃してくださいと命乞いをした。金目の物を奪った強盗は、何事もなかったかのようにボートをUターンさせて去っていったという。

「アマゾン川に現れる海賊か……。もし何も渡さなかったらどうなる？」

「逆らえば即座に殺される」

ホセは私の目を見つめながら、静かに言った。

私はホセの話を聞きながら、数日前に読んだニュース記事を思い出していた。イキトスに着いて数日が過ぎたころ、ブラジルのアマゾン川で探検家が物盗りに殺害されたという事件があった。その探検家もホセの言うアマゾン川の海賊に遭遇してしまったのかもしれない。

ホセはアマゾン川にまつわる話を他にもいくつかしてくれた。

もっと話を聞きかったたが、翌日は朝8時からカンボの治療を受け、夜には2回目のアヤワスカの儀式を受ける予定になっていた。長い一日になりそうな予感がしたので、私は早めに睡眠をとることにした。

カンボの儀式

朝7時20分に目を覚ますと、ベッドからゆっくりと起き上がった。

まだ早朝だというのにすでに湿度が高い。ジメジメしているせいか実際の気温よりも暑く感じる。部屋の奥に設置されているシャワーの蛇口をひねって水を出す。常夏のせいか、いくら待っても水からお湯に切り替わることはなかった。蛇口から噴出する水を浴びていると、徐々に水の色が濃い茶色へと変わっていく。3分くらい茶色い水を浴び、シャワーを終わらせた。

着替えを済ませ部屋の外に出ると、雲ひとつない群青色の青空が広がっていた。ジャングルからは鳥のさえずりが聞こえてくる。今日は暑い1日になりそうな予感がする。

ロッジの片隅でタバコに火をつけ煙をくねらせていると、ジャングルの中から猿の親子が遊びにやってきた。全長30〜40センチくらいの小さな猿で、私の前に現れると木から木へと華麗に飛び移り、あっという間に茂みの中に帰っていった。

短くなったタバコをサンダルで踏み消し、部屋の中に戻った。ベッドに寝そべってシャーマンが来るのを待っていると、予定時刻よりも5分ほど早く姿を現した。シャーマンは長さ15センチほどのお香立てのような木製の板を持っている。何度もカンボの儀式で使用してきたのだろう。ずい

早朝からカンボの毒をこねくり回すシャーマン

ぶんと使い込まれた木の板で、引っ掻き傷のようなものがたくさんついている。挨拶を交わすと、シャーマンはさっそく儀式の準備に取り掛かった。

机の上に木の板を置くと、板の上に張り付いている透明な毒を木の棒でこねくり回した。カエルから採取した毒は、無色透明で接着剤のように粘着性がある。カンボを棒でこねていると、無色透明だった毒は次第に茶色へと変色していった。おそらくカンボをこねている木の棒か、板の色が付着したのだろう。5分くらいすると、板の上にはダンゴムシほどの大きさの茶色っぽい丸いかたまりが出来上がっていた。カンボが完成したようだ。

「準備はいいか？」とシャーマンが言うと、私はシャツを脱いで上半身裸になった。

シャーマンは直径1センチほどの木の棒をライターで炙ると、熱を帯びた木の棒を私の上腕に押し付けた。そして私の表皮を指で剥がすと、剥き出しになった皮膚にカンボを付着させた。

カンボが付けられた部分を見ると、火傷をした直後のように赤い跡になっている。皮膚を剥がした面積は小さかったが、傷口がすーっとして熱い。どのくらいの時間、カンボを付けているのだろうか。シャーマンに尋ねると、「3分から5分くらい」という返事が返ってきた。

カンボを付けてから30秒くらいが経つと、上腕部分がジーンと熱くなり始めてきた。身体に毒が回り始めてきているのだろう。

それから1分ほどが経つと、身体を動かすのが困難になり始めた。まるで誰かが私の身体の上に乗っかっているような圧迫感を覚える。次第に呼吸が苦しくなり、「はぁー、はぁー、はぁー」と息が荒くなっていく。カンボの毒がいよいよ全身に回り始めたのか、心臓が「ドクン、ドクン」と大きく脈打ち心拍数が上がっていくのを感じる。心臓をぎゅっと手で握り潰されているようで息苦しい。呼吸をするだけで精いっぱいだ。

身長165センチ体重65キロの私が、ダンゴムシほどの大きさの毒を付着させただけで身動きがとれなくなってしまう。うさぎや犬などの小動物なら、あっという間に毒が回り心臓が停止してしまうのだろう。それほどカンボの毒は強烈である。

実際、カンボは狩りにも使用するという。アマゾンの原住民は、槍や弓矢の先端にカンボを塗りつけ動物を射抜く。たとえ槍や弓矢が刺さったまま逃げたとしても、傷口から毒が回りすぐに動けなくなるのだそうだ。

カルロスの話では、カンボは視力の回復にも効果があるという。冗談で言ったのかもしれないが、カンボの治療を3回受ければ、メガネなしでも生活できるほど視力が回復すると言っていた。その話を思い出した私はさっそくメガネを外してみることにした。やはり1回の治療では効果が出ないのか、遠くの景色がぼやけており、普段とまったく変わらない状態だ。バイアグラと似たような効果もあると言っていたが、その効果を感じることはできなかった。

カンボを付けてから3分ほど経つと、シャーマンが上腕部分からカンボを取り去ってくれた。

「他の場所もやるか？」

本来なら3ヵ所くらいやるようだが、私は首を振って断った。すでに私の身体は異常をきたしている。ベッドの上に座っているのも困難な状態で、他の場所にカンボを付着させたら身体を動かすのが不可能になりそうだ。苦しみに耐えてまで治療を行う必要性を見出せなかった。

治療が終わって10分くらいが経った。

時間の経過とともに、私の身体は毒から解放されてどんどん軽くなっていった。それでも普段に比べると、圧迫感があって息苦しいのは変わらない。自分の意志で身体を動かせるくらいに回復すると、ベッドから身体を起こし、水分を取りにロッジに向かった。

ロッジのテーブルにはバイキングスタイルの朝食がズラリと並んでいた。しかし、カンボの毒のせいか、食欲がまったく湧いてこない。私が口にしたのはコップに入った一杯の水だけである。椅子に座りテーブルクロスの柄を見つめていると、ドイツ人の女の子が心配して声をかけてくれた。

「大丈夫？」

「何が？」

「カンボの治療を受けたんでしょ。あなた、朝食の間ずっとため息をついていたわよ」

「時間がたってだいぶマシになってきたけど、身体が圧迫されて息苦しいんだ」

「今日はどこに行くか、ホセから聞いてる？」

「何も聞いてない。ホセに会ったら今夜は儀式を受けるから、ロッジでゆっくりしたいと伝えてほしい」

「ホセに会ったらそう伝えておくわ。気をつけてね」

会話が終わると彼女は部屋に戻って行った。

午前中は何もせず、ハンモックの上で過ごした。昼食が終わって1時間くらい経つと、アヤワスカの入っている瓶を持ったシャーマンがやってきた。空いているハンモックの上に乗ると「身体の調子はどうだ？　カンボは効いているか？」と尋ねてきた。

「午前中は身体が重くて動く気がしなかったけど、時間が経過していくごとに身体が軽くなっていく感じがする」

「そうか。俺はこれから、もう一度アヤワスカを煮詰め直してくる。今夜の儀式はきっと良いビジョンが見られるはずだ」

アヤワスカを煮詰め直すことで濃度が増し、より強力になるという。1回目に飲んだアヤワスカはあえて薄く作っていたのだろうか。話が終わると、何か良いことでもあったのか、シャーマンは口笛をふきながらロッジの裏に消えていった。

2度目の儀式

時刻20時。外はすっかり暗くなっている。私がすっかり気に入ってしまったハンモックの上で左右に揺れながら遊んでいると、シャーマンとホセがやってきた。

「今晩の儀式なんだけど、2人加わることになった」

誰が儀式を受けるのか尋ねてみると、ロッジで働いている21歳の従業員たちが参加することがわかった。2人はアヤワスカを飲むのは初めてだという。ジャングルの住民と一緒に儀式を受けられるのは貴重な体験だと思った。

初めはアヤワスカツアーと呼ばれているだけあって、観光客相手の商売だと思っていた。しかし、ホセの話を聞いていると、地元の人たちもアヤワスカの儀式を受けることが度々あることを知った。人によって儀式を受ける理由は様々である。

昨夜、ホセが興味深い話をしてくれた。ジャングルの小さな集落で泥棒騒動が起こった。家の中に置いてあった貴重品や生活用品が何者かの手によって持ち去られてしまったのだ。空き巣被害にあった家主は集落内で聞き込みをしたものの、犯人を突き止めることはできなかった。そこで家主はシャーマンに相談してみることにした。するとシャーマンはアヤワスカを飲み、ビジョンを見て見事に空き巣の犯人を探し当てたという。

ホセの話を聞いたとき、私は思わず吹き出してしまった。胡散臭いにもほどがあるからだ。アヤワスカを飲んで犯人捜しをするなんて、そんなムチャクチャな話を信じるわけがないだろう。

「本当にアヤワスカを飲んで犯人を特定できるのか？」

「修行をしたシャーマンなら、ビジョンを見ることによって誰が犯人か捜し出すことができるんだよ」とホセは笑いながら答えた。

マジック・リアリズムが根付く土地だけあって、アマゾンの話は現実離れしている。時間が許すならばこのままアマゾンに滞在して各地を探検してみたい。そう思えるほど魅力的な地域だと、改めて思った。

1回目の儀式は、私の滞在していた部屋で行われたが、今回は2人増えたのでロッジで行うことになった。シャーマン、ホセ、従業員2人、そして私はロッジの片隅に集まった。時刻は21時15分。いよいよ2回目の儀式が幕を開ける。

初めての儀式だからなのか、従業員たちが緊張しているのが伝わってくる。2人とも神妙な面持ちで、シャーマンがショットグラスにアヤワスカを注いでいるのをじっと見つめている。グラスにアヤワスカを注ぎ終えると、シャーマンは2人に向かって儀式の注意事項などを説明し、ショットグラスを手渡した。

グラスを受け取った従業員は、アヤワスカを飲む前に祈りを捧げ始めた。目を閉じて1分ほど祈り、ショットグラスに半分ほど注がれているアヤワスカをグイッと一気に飲み干した。アヤワスカを飲んだ瞬間、酸っぱい物でも口にした時のように顔をしかめるのが可愛らしい。もう一人の従業員も同じ過程を終えると、アヤワスカを一気に飲み干した。最初に飲んだ従業員同様に、不味いものを飲んだ後のように口をすぼめた。

そして私の番になった。今回は2回目ということもあり終始落ち着いている。シャーマンにどのくらいアヤワスカを飲みたいのか聞かれたので、1回目よりも多くしてほしいと頼んだ。シャーマンはショットグラスの3分の2くらいまでアヤワスカを注いでくれた。

グラスの中に入っている液体を観察する。シャーマンはアヤワスカを煮詰め直したと言っていたが色は相変わらずカフェオレ色だし、濃くなったようには見えない。グラスに鼻をつけて匂いを嗅いでみたが、とくに変化は感じない。

ショットグラスを両手で包み込むと、前回同様にバッドトリップしないように、あわよくばビジョンが見られるように、と心の中で3回繰り返す。そしてグラスに口をつけ、アヤワスカを一息に飲み干した。やはり味も同様で、最初に飲んだ時と変わったようには思えない。

シャーマンを含む全員がアヤワスカを飲み終えると、ホセはロッジの電気を消しに行った。室内の電気が消えると暗闇になった。

耳を澄ましシャーマンのイカロスを聴いていると、ロッジの天井付近に直径1センチほどの小さ

ロッジで働いている従業員２人。
初めて受ける儀式のため、緊張しているようだ

な白い光がいくつも飛んでいるのが目に留まる。白い光は不規則に飛び回り、目で追うのが困難なほど素早く動いている。いくつかの光点に絞って目で追いかけたが、光は徐々に弱くなり、残像とともに暗闇の彼方へと消えていった。早くもビジョンの前兆が訪れてきているのだろうか。

白い光の正体について尋ねてみようと思った。だが、シャーマンは自らを鼓舞するようにイカロスを歌っており、中断できる雰囲気ではない。今夜のシャーマンは1回目の儀式の時とは様子が違い、葉をバサバサと振る速度は空間を切り裂くほどに鋭い。この勢いを止めるわけにはいかないだろう。

「バサ、バサッ、バサッ、バサ、バサッ、バサッ」

シャーマンは一定のリズムで葉を振りながら、その音に合わせてイカロスを口ずさんでいる。

しばらくイカロスに耳を傾けていると、シャーマンの声が徐々に変化しているような気がしてきた。するとその時、突然、室内に異様な音が鳴り響いた。

「ギィ〜ェ〜〜〜〜〜〜」

大地に亀裂を生じさせるほどの轟音だ。人間が発したとは思えない巨大な雄叫びで、ペルーアマゾンに生息する巨大蛇「ヤクママ」が正気を失い怒号を上げたのかと勘違いするほどだった。

それを合図にシャーマンはぶっ壊れてしまう。

「リンピッピ、リンピッピ、ンピッピ、ピッピ、ピッピ……」

こんな不気味な音を何度も発したかと思うと、「ピーーーーーーーーーーーーー！」という超音波まで発している。

まるで傷ついたCDを再生するかのように、エンドレスで「ピーーーーーーピーーーーーピーーーーーー！」と叫ぶシャーマン。私は何が起こっているのかわからなくなり、パニック状態に陥った。このままでは素面に戻れなくなるのではないか。不安と恐怖が巨大な波となって次々と押し寄せてくる。

かつてないほどのトリップ感に襲われた私は、恐ろしくなって目を開けた。

視界いっぱいには室内の暗闇が広がっていたが、ところどころに白い光がゆらゆらと宙を舞っている。私は自分がベンチの上で座っているのか、寝そべっているのかわからなくなるほど、平衡感覚を失っていることに気づいた。

アヤワスカを飲んでからどのくらい時間が経ったのだろうか。

1時間くらい経った気もすれば、まだ15分しか経ってない気もする。1分くらいの気もするし、1年ほど経った気もする。平衡感覚とともに時間感覚さえも失われていく。そう思うと、シャーマンが奇声を発していたとは考えにくい。おそらく私は幻聴を聞いていたのだろう。どうやらより強力となった「アヤワスカ」を飲みすぎてしまったようだ。

これから本格的にビジョンの世界に入って行く予感がする。幻聴はただの前兆に過ぎず、これからピークを迎える気配がビシビシと感じられる。ジャングルで鳴く猿や鳥たちが「これからが本番だぞ」と語りかけてくる。本格的に狂い始める前に、身体をズタズタに引き裂き、体内に吸収されたアヤワスカをすべて取り除きたい気分だ。

ふとジャングルの様子が気になり、ロッジの外に目を向けた。網戸越しに見るジャングルは月に照らされて影絵のようになっている。木の生い茂る密林地帯では白い光がひらひらと揺らめきながら軽快にダンスを踊っていた。その様子を観察していると、徐々に視力が月夜に慣れてきた。どこかに蛍光灯が点いているのではないかと疑うほど、ジャングル周辺が明るく見える。月夜の下で踊る白い光を観察していると、光の正体はホタルではないかと思った。ロッジの10メートルほど先には川が流れている。ホタルが生息していてもおかしくない環境である。

しばらくの間、目でホタルの光を追いかけまわしていた。再びロッジの中に視線を戻すと、暗闇だった室内に異変が生じていた。私は今までロッジの中にいたはずだが、なぜか目の前には木々が生い茂り、周囲が密林へと変貌を遂げている。あたかもここが最初からジャングルだったように。確かに数日前からジャングルの中にあるロッジに滞在しているが、私はジャングルの中に入った覚えはない。仮に一人でふらふらとジャングルの中へ入って行こうとすれば、シャーマンが必ず止めるはずだ。

ジャングルの中にいると、一つおかしなことに気がついた。

木が生い茂る密林地帯だというのに、物音がまったく聞こえないのだ。普通であれば、夜になるとジャングル周辺では虫が鳴き始め、その音は夜明けまで途切れることなく続く。しかし、いま私がいるジャングルは深い眠りについているかのように静かだ。あの騒がしい虫の鳴き声がどこからも聞こえてこないのがおかしい。

月光を頼りに不気味なほど暗いジャングルの中を歩いていると、一本の巨大樹に行き当たった。巨大樹に触れてみると、手のひらから生命の鼓動が伝わってくる。鼻を近づけると熱帯地域の湿度をたっぷりと吸い込んだ香りがした。再び得体の知れない恐怖心に襲われる。やはりこれは現実で、私は本当にジャングルの中に迷い込んでいるのではないか。

巨大樹の根元に腰を下ろし休息していると、ジャングルの奥から物音が聞こえてきた。

「バサバサ、バサバサ」

雑草に何かが当たり葉の掠れる音や、地面に落ちている小枝を踏む「バキ、バキ」という音が徐々に大きくなってくる。その音が私の5メートル手前くらいにさしかかったとき、突然、音がピタリと止んだ。

何者かが暗闇の中にじっと身を潜め、私の様子を伺っている。見えない敵ほど怖いものはない。アマゾンのジャングルならなおさらだ。ふたたび何者かが私の元に近づいてくる。木立の中に4つ足で歩く獣のシルエットが浮かび上がった。

獣は臆することなく足を進めてくる。2メートルくらいの距離まで近づいたとき、獣の正体をはっきりと確認することができた。身体に幾つもの黒い模様を持つ、全長3メートルほどの巨大なジャガーだった。ジャガーは口に小動物を咥えており、それを地面にサッと置くと、私を威嚇するように鋭い目つきで睨みつけた。私は混乱した。ジャガーには私の姿が見えているのだろうか。いや、そんなはずはない。私はここに存在しないはずだ。

ジャガーに睨まれながら、ホセに聞いた話を思い出していた。ジャガーはジャングルの奥地に住んでおり、人間が暮らす領域には近づかないという。ホセ自身、10年ほどジャングルツアーのガイドをしているが、野生のジャガーは一度も見たことがないと言っていた。しかし、私の目の前には現にアマゾンの最強生物といわれるジャガーがおり、牙を剥き出しにして今にも飛びかかってきそうな勢いで私を威嚇している。

現実と非現実の境界が分からない。もはや幻覚と呼べるレベルはとうに超えている。なにしろ、実際にジャングルの中に迷い込んでしまっているのだから。

幽体離脱ならマジックマッシュルームで一度経験している。あの時は身動きがとれずにベッドのうえで仰向けになっていると、分離された私の意識が天井をすり抜け地上20メートルあたりにふわふわと浮いていた。そして残された身体は死んでしまったように身動き一つせず、ベッドの上で倒れていた。身体と意識が分離されてしまうと、元に融合するまでしばらく時間がかかった。

私はこれからどこへ向かえばいいのだろうか。

一刻も早くロッジに戻りたいが、前後左右どこへ進めばいいのかわからない。来た道を戻ればロッジに帰ることはできるだろうが、私はベンチから動いた記憶が一切ない。ジャングルで道標を失った遭難者そのものだ。目の前にはジャガーが牙を剥いて臨戦態勢に入っており、この場から逃げ出すのは不可能ではないかと悟った。目の前で起こっている出来事が幻覚であって欲しいと必死に願った。しかし、状況は何一つ変わらず、月夜が差し込む木立の中で私は我を失っていた。

そして、ついにジャガーが私の身体に目掛けて飛びかかってきた。

巨体を鞭をしならせるように宙に舞わせると、一瞬にして私の身体に覆い被さった。その衝撃で私は巨大樹に激しく打ち付けられた。上半身に鋭い痛みが走る。恐怖心はとっくに失っており、パニックに陥ることはなかった。すべての状況を受け入れてしまうと、何一つ感情が湧き上がってこなかった。

ジャガーは私の頬をヌルっとした暖かな舌で舐めまわした。一気に食べてしまうのではなく、まずは戯れようというのだろうか。まるで猫に殺される前の鼠になった気分だ。ジャガーは私の頬を舐め回すだけで、それ以上襲ってこようとはしなかった。私を食べる気はないのだろうか。余裕が出てきた私は、ジャガーに触れてみようと手を伸ばした。するとジャングルの奥から懐かしい、どこかで聞いたことがある音色が流れてきた。

その音色に反応するようにジャガーは耳をピクピクと動かし、私から飛び降りた。私の身体は金縛りから解放されたように軽くなる。ジャガーは地面に置いていた小動物をサッと咥えると、音色に導かれるようにして真っ暗な木立の中に姿をくらませた。私は急いでジャガーを追いかけることにした。木立の中を慣れた調子でどんどんと進むジャガーは、ときどき私のことを心配するように後ろを振り向きながら前へ前へと進む。最初は恐怖を感じていたが、今となっては誰よりも頼り甲斐がある仲間に思えた。

5キロ、いや10キロくらいは歩いた気がする。ジャングルを抜けると、視界いっぱいに湖が広がっており、月に照らされた水面がキラキラと眩い光を放っている。水の流れがあったので、湖ではなくアマゾン川だったかもしれない。湖あるいは川のほとりには、逆光に照らされて人型のシルエットが浮かび上がっていた。近づいてみると、イカロスを口ずさみながら太鼓を「ボン、ボン、ボンボン」と一定のリズムに合わせて叩くシャーマンの姿があった。

今まで何を見ていたのだろうか。ジャングルで起こった出来事を回想した。手に残る巨大樹の感触。ジャガーに舐めまわされた頬の感触。小枝を踏む音や、葉が擦れる音など、今でもその感覚がはっきりと残っている。私の体験したジャングルの一連の出来事は、いわゆる幻覚とは別物で、「ビジョン」を見ていたのだと悟った。

シャーマンの叩く太鼓に耳を傾け、イカロスを聴いていると、徐々に視界がぼやけていき目を開けているのが困難になる。そして、いつしか世界は真っ暗な暗闇になった。

「リンピエサ、アヤワスカ、リンピエサ、アヤワスカ」

聞きなれた言葉が暗闇の中で鳴り響いている。

「ゴホ、ゴホ、ゴホ、ゴホ」

誰かが咳き込んでいるのが聞こえてくる。目を開けると、私はベンチの上で仰向けになっていた。どうにかロッジに戻ってこられたようだ。1回目の儀式を受けた時には想像もつかない場所に行くことができた。幻覚体験を超えた「ビジョン」という不可思議な世界。まさかジャングルの中でジャガーに出くわすとは思いもしなかった。おそらく、ただアヤワスカを飲んだだけではここまでの体験はできなかったはずだ。今朝のカンボの治療で体内から余計なものを取り除いた。そして煮詰め直し、より強力になったアヤワスカを飲んだことも影響しているのだろう。ジャングルに来て3日目。アヤワスカ・ダイエットの効果も出てきているはずだ。

シャーマンはイカロスを中断すると、ロッジの電気を点けにいった。室内に明かりが灯ると、従業員2人が目を閉じて敷物の上でぶっ倒れていた。ビジョンを見ているのか、ただ倒れているだけなのか、その姿からは想像することはできない。

「ビジョンを見られたか？」

シャーマンが穏やかな顔で訪ねてきた。

私は「見ることができた」と短く答えた。

「もう少しアヤワスカを飲むか？」

「ああ」

ショットグラスに3分の1くらい注がれたアヤワスカを一気に飲み干した。今となってはアヤワスカの苦味など全く気にならない。いや、むしろこれほどまでに〝美味い〟飲み物がこの世界にあることが信じられなかった。シャーマンもショットグラスに注いだアヤワスカを飲み干すと、明かりを消してイカロスを再開させた。

葉を重ね合わせた団扇を振るうシャーマン。目を閉じてイカロスに集中していると、幾何学模様が頭の中を駆け巡る。幾つもの線と線が交わり合い、姿形を次々と変化させていく。複雑に絡み合った幾何学模様は、やがてサイケデリックな模様へと変貌を遂げていく。幾何学模様は私の身体にまとわりつく。葉の音は残響となって私の脳裏にこびりつく。

シャーマンのイカロスによって導かれた世界は、密林の奥地にある楽園だった。

ジャングルでの1週間

2回目の儀式は0時30分ごろに幕を閉じた。1回目の儀式と同様に、瞳孔が開いた状態で朝方まで寝付くことができなかった。ジャングルの奥から聞こえる猿の遠吠えに耳を傾けていると、いつしか空は青みを増していき、徐々に明るくなっていった。

3回目の儀式は6人で受けることになった。従業員3人と数日前から滞在しているイスラエル人、そこにホセも加わり賑やかな儀式になった。イスラエル人と女の子の従業員は、アヤワスカは初めてだそうでかなり緊張していた。

私はすでに2回飲んでいることもあって、当初は他の参加者を観察する余裕があった。しかし、いざアヤワスカを飲む番になると、急にソワソワしてしまった。身体にロープを巻き付けて動かぬように縛り付けておきたい衝動にかられた。もうジャングルの中をさまようのはコリゴリだったからだ。

3回目の儀式は、終始誰かが吐いているような状況だった。イカロスよりも誰かの吐く音が気になってまったく儀式に集中できない。儀式を受けるなら1人の方がいい。そのことを痛感した3回目の儀式だった。

アヤワスカは不思議な飲み物である。

ストレスや不安、悩みなどを消し去り、体内を浄化する作用があるとも言われているし、アルコール中毒の治療に使われたり、強盗犯を探し出すのに使われたりもする。幻覚植物と聞いてイメージするよりも、アヤワスカははるかに広い用途で使われている。

アヤワスカの儀式を受け、私自身も鮮烈な経験をした。2度目の儀式では、幸運にも「ビジョン」と呼ばれる不思議な体験をすることができた。

ただ、それが人生を揺るがすようなものだったかどうかはわからない。しかし、短いながらもジャングルの中で過ごし、アマゾンで暮らす人々の生活を垣間見ることができたことは、私にとって貴重な体験となった。

アヤワスカを体験したことで、次はサンペドロの儀式を受けたくなってきた。サンペドロはペルーの山岳地帯、アンデス山脈に自生する幻覚成分を含むサボテンだ。

ジャングルからイキトスに戻ると、山岳地帯に向かうルートの情報収集を始めた。

まずは標高2500メートルにあるペルー第二の都市アレキパに向かうことにした。

クスコは標高3400メートルほどの高地にあり、アマゾンから直行するには標高が高く、高山病になる恐れがある。高地に身体を適応させるため、アレキパに1週間ほど滞在する。そして、その後、幻覚サボテン「サンペドロ」を求めてインカ帝国の中心地として栄えた天空の古都クスコへと旅立つのである。

【第三章】

穏やかなインカの恵み

サンペドロ

～クスコ（ペルー）

イキトスからリマ国際空港に戻ってきた。深夜0時を過ぎているというのに、空港内は人が絶えず行き交っていた。

リマからアレキパまでのフライトは約1時間半だ。早朝6時の便だが、すでに多くの乗客たちが搭乗ゲート前の椅子に座って待機している。空いている椅子に腰を下ろし、寝不足気味で頭が朦朧とするなか待っていると、「これからボーディングが始まります」というアナウンスが流れた。

アレキパ行きの飛行機は、定刻通りにリマを飛び立った。

フライトはあっという間だった。飛行機から下りて深呼吸をする。ジメジメとしたイキトスとは違い、初夏を思わせる爽やかな気候が心地よい。アレキパは標高が2300メートルあるせいか、空気が澄んでいるので遠くの山がくっきりと見える。青々とした空では、太陽は白く燦々と輝きを放つ。太陽にグッと近づいたようで日差しが眩しい。

アレキパでは何をするわけでもなく1週間滞在した。

イキトスから一気に標高を上がったので、高山病の症状が出ないか心配だった。しかし、そんな不安はとり越し苦労に終わり、平地と変わらず過ごすことができた。どうやらすぐに身体は高地に順応したらしい。これならば標高3400メートルにある古都クスコに移っても問題ないだろう。

アレキパからクスコまではバスで約8時間ほどかかる。

くねくねした山道を走るので、移動距離は短いものの、バスに乗っている時間は長い。当初は日

リマからアレキパに向かう飛行機の中から

中に移動することを考えていたが、バス会社のスタッフが「夜の便の方が楽に移動できますよ。寝て起きたころにはクスコに到着です」と教えてくれた。

南米の長距離バスは深夜に出発し、翌朝に目的地に着くようなスケジュールを組んでいることが多い。宿代を1泊分浮かせることができるのは、旅人にとってありがたいことだ。

しかし、私は迷ってしまった。なぜなら、南米の深夜バスにはリスクがつきものだからだ。

日本では考えられないことだが、南米では長距離バスを狙う山賊やゲリラが出没する。深夜、山道などを走行中のバスを襲撃し、乗客から金や荷物を奪うのである。実際、私がメキシコに滞在しているときも、南部のサンクリストバル・デ・ラス・カサス行きのバスが襲撃されるという事件があった。その頃、ちょうど私もサンクリストバルまでバスで向かう予定だったので、肝をつぶしたのを覚えている。

バス強盗を防ぐために、メキシコではバスが出発する前に乗客の顔を動画に記録することが度々ある。乗客のふりをして強盗が紛れ込んでいる場合があるからだ。

南米の長距離バスは車内に防犯カメラを設置しているケースが多い。コロンビアの長距離バス「ボリビアーノ」の入り口付近には防犯カメラがあったし、エクアドルの長距離バスも同様に防犯カメラが設置されている。ボリビアにいたっては、タクシーの車内にも防犯カメラが設置されており、運転席、助手席、後部座席と、計4カ所から車内の様子を映していた。それほど中南米のバスやタクシーは強盗に襲われる危険があるというわけだ。

夜行バスのもう一つの問題点は、盗難である。寝ているすきに荷物を盗まれてしまうのだ。

中南米の旅では強盗と同じくらい耳にする盗難被害、とくに裕福だと思われている東アジア人なら被害に遭う確率はグッと高くなる。

私が迷っていると、バス会社のスタッフは「グレードの高いカマシートなら、盗難に遭う可能性は低いですよ」と教えてくれた。普通の席よりも日本円にして1000円ほど高いが、盗難被害に遭うことを考えれば決して高くはない。海外での安全はお金で解決出来ることが多い。安全な場所＝高い。危険な場所＝安い。仕組みはいたって単純である。

スタッフによると、クスコ行きのバスは山賊やゲリラが出ない安全なルートを通るという。私はその言葉を信じ、深夜バスのカマシートでクスコに向かうことにした。

クスコのシャーマンショップ

ペルーは、土地によって季節に関係なく気候が変わる。

常夏の熱帯雨林アマゾン。11月のアレキパは先に述べたように初夏を彷彿させる陽気な気候だった。そして富士山の山頂とほぼ変わらない標高のクスコは、11月の夏日だというのにジャケットを羽織らずにはいられないほど風が冷たい。

標高が3400メートルあるせいか、クスコに到着して数日間は坂道を登るたびに息切れした。しかし滞在4日目になると環境に身体が適応し始めたのか、長い坂道や階段も楽に上がれるようになった。身体の調子が整ったのを合図に、サンペドロの儀式に向けて、アンデスのシャーマン探しを始めることにした。

クスコ市内には、シャーマンショップが点在している。シャーマンショップは、いわばシャーマニズムに特化した民芸品店だ。儀式で使用する太鼓や笛などの楽器から、シピボ族が刺繍を施した布や衣類、サイケデリックなテーマについて書かれた英語の書物も取り扱っている。サンペドロの儀式はこのシャーマンショップで手配することができる。

クスコのシャーマンショップをひとつずつ回ると時間がかかりすぎるので、ウェブの情報を頼りに、まずは評判の店を中心に訪れることにした。しかし、1軒、2軒と訪ねてみたが、相性の問題か、説明を受けてもあまり気乗りがしない。

3軒目に訪れたシャーマンショップでは、受付スタッフが英語で丁寧に説明してくれた。

サンペドロとはどのようなもので、いったいどんな効果があるのか。私が質問すると、スタッフはおおむね次のようなことを教えてくれた。

シャーマンショップの外観

サンペドロはメスカリンを含んだ幻覚サボテンで、アンデス山脈の標高2000メートルから3000メートル付近に自生している。乾燥させたサンペドロを粉末状にし、水に溶かして摂取するのが一般的な摂取方法だという。個人差はあるものの、サンペドロの効果は8時間から12時間ほど緩やかに続く。アヤワスカ同様に食事制限があり、儀式を受けるならば3日前から肉類や糖分、カフェインなどを控えた方がいいらしい。儀式は午前中に行われるので、朝食と昼食は抜きになる。サンペドロを飲んだ2～3時間後には、施設の裏にある山で2時間くらいトレッキングするのだという。

はたしてサンペドロを飲んだ状態でトレッキングなどできるのだろうか。私が疑問に感じていると、スタッフが笑って言った。

「サンペドロはアヤワスカとは違って普通に動けるから大丈夫よ。もちろん、激しい運動は無理だけど、トレッキングくらいなら平気だわ。とっても楽しかったって、儀式に参加した観光客にも評判なのよ」

本当に歩けるのならば、たしかにトレッキングも悪くないのかもしれない。だが、忘れてはいけないのが、ここが高地だということだろう。すでに何度か触れているが、クスコの街自体が標高3400メートルの高さにある。山をトレッキングするということは、それよりも高い場所を歩くということだ。

店内には儀式に使う道具をはじめ、衣類やアクセサリーなど様々なものが売られている

はたして幻覚サボテンを飲んだ状態で高地を歩くことができるのか。

一抹の不安はあったが、値段が手ごろだったこともあって、このシャーマンショップで儀式を予約することにした。

宿に戻ると、儀式に向けて食事制限を始めた。メスカリン成分を含む幻覚サボテン「サンペドロ」。いったいどんな世界を見せてくれるのだろう。

物静かなシャーマン

儀式当日。この日は朝の9時にシャーマンと、予約をしたシャーマンショップの前で待ち合わせることになっている。

私は集合時間の2時間前にはすでに起きていた。部屋の窓を開けると冷たい風がすーっと室内に流れ込んでくる。起きたばかりなのに、身体があっという間に冷えてしまう。それほどクスコの朝は寒い。

吹き出し口から白い水蒸気がもうもうと上がるような、熱いシャワーを浴びたかった。しかし、こんな日に限ってホステルの電気シャワーは調子が悪いらしく、待っても待っても熱い湯が出てく

クスコの街並み。宿は山の中腹にあったので写真のような階段を下りて市街地に向かう

る気配がない。仕方がなくぬるい湯を浴びてみたが、身体が温まるどころか逆に冷えてきたので、身体をさっと拭いてバスルームから飛び出した。

シャーマンショップのスタッフに言われた通り、朝食は摂らないことにした。その代わりに温かな湯で煎れたコカ茶を一杯だけ飲んだ。熱いカップを両手で包み、冷たくなっている手を温めながらコカ茶を啜る。ようやく全身が温まってきた。

カップを傾けながら外の景色に目を向ける。空はどんよりとした分厚い雲に覆われており、今にも冷たい雨が零れ落ちそうである。儀式の後で山歩きをすると言っていたが、この天気でできるのだろうか。クスコ上空を覆う灰色の雲を眺めていると、不安がどんどん募っていった。

そうこうしているうちに待ち合わせ時間が近づいてきた。私はロングスリーブのTシャツを2枚重ね着し、そのうえにセーターを着て、ジャケットを羽織った。靴下を2枚重ね、ジーンズの下にスエットパンツを履く。儀式を受けるには着込みすぎだが、寒さで集中できないよりましだろう。

私の滞在しているホステルからシャーマンショップまでは、徒歩で約20分かかる。クスコの山の途中にあるホステルなので、長い長い階段を下って市街へと降りていく。インカ時代に作られたという石組みの土台に、スペインコロニアル時代の建築が建てられている。白い外壁の建築が多いため、街の雰囲気に統一感がある。長い年月と共に風化した建築。ボロボロに剥がれた外壁がかえって美しく見える。

シャーマンショップの前に着くと、シピボ族の民族衣装を着た40代半ばのガッチリとした男がベンチに座っていた。アマゾンのシャーマンとは違い、いかにも「俺がシャーマンだ！」という出で立ちである。

私は男の前に立つと、「ブエノス・ディアス。あなたがシャーマンか？」とスペイン語で話しかけた。

「そうだ。俺がサンペドロの儀式をやるシャーマンだ。スペイン語を話せるのか？」

「ここに来るまでに約9ヶ月間ほど中南米を旅してきた。だから多少はわかるけど、英語の方が得意だね」

「そうか。俺は英語も少し話せるから、英語とスペイン語を混ぜれば上手く会話ができそうだな」

シャーマンはニコリともせずそう言うと、口を閉じて私から視線を逸らせた。私はその傍らに立ち、タバコに火をつけて朝の一服を満喫する。

「そろそろ施設に行こうか？」

タバコを吸い終わると、シャーマンが声をかけてきた。サンペドロの儀式を行う施設はクスコの中心地から少し離れた場所にあるという。シャーマンはベンチから腰を上げると、大通りに向かってスタスタと歩き始めた。

人ごみをかき分けながら大通りに出ると、すぐに1台のタクシーがやってきた。シャーマンが素早く値段交渉を済ませ、タクシーに乗り込む。

アンデスのシャーマンは、物静かな男である。無駄口は一切叩かず、助手席に座ってじっと前を見ている。中南米では、バスやタクシーの中では知らない人同士でも世間話をすることがある。しかし、シャーマンは運転手と世間話を始める素振りはない。

クスコ市内を離れると、交通量はどんどん減っていった。そして、山を登っていくたびに家が目に見えて少なくなっていく。ぽつん、ぽつんと民家があるだけの、殺風景な景色が続く。駄菓子屋の前では、子供達が空気の抜けたボロボロのサッカーボールで遊んでいる。そんな光景をぼんやりと見つめながら、初老のインディオがコカ茶を啜っている。遠くにはアンデス山脈の峰が顔をのぞかせ、草原の風景が視界に広がる。サンペドロの儀式を受けるにはうってつけの環境である。

シャーマンショップから20分くらい走っただろうか。タクシーは1軒の家の門の前で停車した。

タクシーを降りて外に出ると、クスコ市内よりも標高が高いせいか、気温が数度低い気がした。道路に立っていると、冷たい風が容赦なく吹きつけてくる。重ね着してきて正解だ。

門を開けて中に入ると、手入れの行き届いた大きな庭が目に留まった。庭に向かって歩いていくと、隅っこのほうに幾つものサボテンが生えている。サボテンの元に駆け寄り写真を撮っていると、シャーマンが話しかけてきた。

「このサボテンがサンペドロだ」

サンペドロ。見た目はいたって普通のサボテン。本当に幻覚成分を含んでいるのだろうか

一口にサンペドロと言っても大きさは様々で、1メートル30センチほどの高さのサボテンもあれば、60センチほどのサボテンもある。顔を寄せて間近で観察してみたが、あまりに特徴がなさ過ぎて、そこらに生えている普通のサボテンとの違いが分からない。こんな平凡な見た目のサボテンに、本当にメスカリンが含まれているのだろうか。

「さあ、そろそろ行こう」

背後から声がかけられた。振り返るとシャーマンが庭の奥の方に向かって歩いているところだった。サボテン観察を切り上げて後を追うと、シャーマンは庭の奥にある建物の前で止まった。どうやらここで儀式を行うようだ。

建物は丸い円柱型をしており、天井が高いせいか、内部は開放感があって広々としていた。部屋の中心には祭壇のようなテーブルがあり、祭壇を取り囲むようにして黒いベッドマットが放射状に置かれていた。数えると、ベッドマットは12個ほどあった。一度にそれだけの人数が儀式を受けられるということだろう。祭壇には儀式で使用するのか、様々な小道具が置かれている。あとでシャーマンに聞いた話では、観光客が多いハイシーズンは一度に7、8人くらい集まって儀式を行うこともあるということだった。

シャーマンは祭壇に腰を下ろすと、さっそく儀式の準備に取り掛かった。

シャーマンはテーブルから萎びたビニール袋を取り出すと、大きなスプーンを差し入れた。袋の

サンペドロの儀式が行われる施設の様子。
奥にあるマットの上でリラックスしながら儀式を受けることができる

儀式で使用する様々なものが無造作に置かれている

中には薄い緑色の粉末が入っている。どうやらあれがサンペドロの粉のようだ。シャーマンは粉をすくい取ると、コップの中に移していく。コップの中に徐々に緑の層が溜まっていく。3杯目の粉をコップにいれながら、シャーマンが声をかけてきた。

「サンペドロを飲むのは初めてか？」

私がうなづくと、シャーマンはさらに質問を重ねてきた。

「アヤワスカをやったとき敏感だったか？　ビジョンを見ることはできたか？」

アマゾンでの体験を振り返りながら答える。

「たぶん敏感な方だと思う」

シャーマンは私の答えにうなづくと、さらに2杯の粉をコップに注ぎ入れた。全部でスプーン5杯分のサンペドロが入れられたことになる。コップの底には緑色の粉末が3～5センチほど積もっている。シャーマンはそこに水をドバドバと注ぎ、スプーンで入念にかき混ぜ始めた。コップの底に沈む粉末をスプーンでぐるぐるとかき混ぜるが、サンペドロは容易に水に溶けない。それでも3分ほど続けていると次第に粉末が水に溶け、抹茶そっくりの飲み物が出来上がった。

「準備はいいか？　これから儀式を始める」

シャーマンはコップをテーブルに置くと厳かに告げた。そして太鼓を手にすると、「ドン、ドン、ドン、ド、ド、ドン」と叩き、そのリズムに合わせるようにして歌を口ずさみ始めた。見かけによ

サンペドロをかき混ぜるシャーマン

らず澄んだ美しい声なのが印象的だ。

シャーマンの祈りを聞いていると、アマゾンのシャーマンとはまったく別物であることに気が付いた。アマゾンのシャーマンとアンデスのシャーマン。同じ国に住み、同じ言語を使用しているとはいえ、アマゾンとアンデスでは生活の風習や文化が違う。アマゾンのシャーマンは、儀式のときに葉でつくられた扇を持っていたが、楽器は何も使わなかった。アンデスのシャーマンは太鼓や笛など何種類かの楽器を所有している。唯一の共通点といえば、儀式の前に祈りを捧げることぐらいだろうか。あるシャーマンショップのスタッフは「シャーマンが100人いれば、100通りの儀式がある」と言っていたが、まさにその通りなのだろう。

「ドン、ドン、ドドドド、ドン、ドン」

シャーマンの太鼓はますます速く、リズミカルになっていく。歌声もリズムに引っ張られるように速くなっていった。

祈りが終わったのか、3分ほどするとシャーマンは太鼓を叩くのを止めた。室内は何事もなかったようにシーンと静まり返っている。シャーマンは太鼓を元の場所に戻すと、サンペドロの入っているコップを私に差し出した。「飲んでいいのか?」と英語で尋ねると、シャーマンがうなづいたのでまずは味見をしてみることにした。

一口飲んだ感想は、このコップ1杯を飲み干すには相当な時間を要するだろうというものだった。

見た目は抹茶のようだが、これまで味わったことのないような強烈な苦みがある。アヤワスカは土臭かったが、サンペドロは青臭いという表現がピッタリだ。それでも何とか飲もうと口に含んでみるが、苦みが邪魔をしてなかなか喉を通らない。まだ3分の1も飲んでいないが、胃からサンペドロが逆流してきて、今にも吐き出しそうだ。

「ゆっくり飲むといい。もし味が濃かったら、水を足して薄めても大丈夫だ」

私が苦しんでいるのを見て、シャーマンが水の入ったペットボトルをくれた。

10度を下回る気温の中で、必要以上に水分を摂るのは堪える。コップのサンペドロを溶かした液体だけでも500ミリリットルくらいある。できればこれ以上、水分は摂りたくない。

しかし、コップをじっと見つめていても中身が減っていくことはない。私はこのままではサンペドロを飲み干すことは不可能だと悟り、観念して水で薄めることにした。

水を加えると格段に飲みやすくなった。サンペドロの苦みは薄くなり、グイグイと喉を鳴らしながら飲めるようになった。身体は水分を欲していなかったが、それでもサンペドロを身体の中へと流し込んでいく。ほどなくしてようやくコップの液体を空にすることができた。

シャーマンは空になったコップを手に取ると、再び水を注ぎ、底に溜まった粉末をスプーンで丹念にかき混ぜ始めた。まさか、もう一度飲まなければならないのか。

「さあ、あともう少しだ。全部飲んでくれ」

粉末を溶かし終わると、再びコップを渡された。コップの中には3分の1ほどの緑色の液体が入っている。神聖な儀式というよりも、タチの悪い罰ゲームみたいだ。

2杯目のサンペドロは、1杯目に比べると味が薄く飲みやすかった。ようやくサンペドロから解放された私は、足を伸ばしくつろぎ始めた。

「早ければ45分くらいで効果が出てくる。サンペドロの効果は人によって様々だが、8時間から13時間続くだろう」

時刻は現在9時45分。ということは、10時30分には何かしらの変化が訪れるということだろう。

上空に現れたクジラの群れ

サンペドロを飲んでから30分くらい経過しただろうか。それまではテーブルを挟んでシャーマンの正面に座っていたが、部屋の片隅に置いてあるマットの上で横になることにした。毛布に包まりながらマットの上で仰向けになっていると、身体に異変が起こっていることに気づいた。

寒いのに必要以上に水分を摂り過ぎたせいか、体温が下がり過ぎている。身体がガタガタと震え出し止まらなくなる。寒さ対策は充分してきたはずだが、高山病の症状でも出てきたのだろうか。

あるいはサンペドロが効き始めてきているのだろうか。

色々な原因が複雑に絡み合っているようで、原因を突き止めることができない。なぜ身体の震えが止まらないのか考えていると、どんどん悪循環に陥ってバッドトリップしそうだ。いや、この身体の震え方はすでにバッドトリップが始まっているのかもしれない。

気を紛らわすために、外から聞こえてくる音に集中することにした。

犬の鳴き声がかすかに聞こえる。遠くの方では、車の走行音やバイクが走り去る音が聞こえる。施設の近くでは様々な種類の鳥が鳴いている。風が吹くと、木の葉が擦れる音が不規則に「ざっざっ、ざっざざざざっ……」と聞こえてくる。異常をきたしているのは私の身体だけで、外の様子は普段と変わらない。そう考えると、いくらか気持ちを和らげることができた。


外の様子とは対照的に、室内はシーンと静まり返っている。身体を起こしてシャーマンの方に視線を向けると、口を開けて居眠りをしていた。アマゾンのシャーマンといい、アンデスのシャーマンといい、静かだと思ったら居眠りをしている。まだシエスタには時間が早い気もするが仕方ない。

一度、外に出て気分転換することにした。シャーマンを起こさないように忍び足で移動し、扉を開けて外に出た。

1時間ほど前は、空は灰色の雲に覆われて、不吉な予感が漂っていた。だが、アンデスの天候は気まぐれらしい。いまでは雲はどんどん気流で運ばれ、広くなった雲間から青空を伺うことができるまでに回復している。上空では太陽が直視できないほど白い輝きを放っている。太陽の日差しを浴びていると体温がどんどん上がり、エネルギーが湧き上がってくる。10分もすると、さっきまで部屋で震えていたのが嘘のように調子を取り戻すことができた。

芝の上で仰向けになっていると、クジラの群れが気流に乗って移動しているのが見えた。

クジラは青空と雲の合間を行ったり来たりを繰り返している。しばらく雲の中に姿を隠していたと思ったら、次の瞬間、雲の隙間からとつぜん青空へぶわっと姿を現す。気流の流れに乗って、スイスイと泳ぐクジラたち。ときおりクジラは潮を吹くので、空から水滴が零れ落ち、私の顔に降りかかる。クジラの群れが移動している光景を見ていると、私は幸せな気持ちになった。

空の様子を眺めていると、私の方に向かって足音が「コッ、コッ」と近づいてくるのが聞こえてきた。足音の方に目を向けると、太鼓を持ったシャーマンがあくびをしながら立っていた。

「調子はどうだ？　サンペドロの効果は出てきたか？」

シャーマンが私の傍まできて聞いてきた。時計を見ると11時を過ぎていた。サンペドロを飲んでから1時間30分が経過している計算だ。だが、視覚や聴覚にはとくに変化が感じられない。空ではクジラの群れが大移動している最中で、燦々と光を放つ太陽の表情は晴れやかだ。

「いまのところ、特に変化は起きていないよ」

太鼓を静かに叩き始めたシャーマン。次第にその音は大きくなっていく

私がそう答えると、シャーマンが顔を覗き込むようにして聞いてきた。

「いったいなにが見えているんだ？」

「クジラの群れがパタゴニアの方に移動しているのを見ている」

シャーマンはクジラの行方を確認するようにしばらく空を見上げた後、傍らにある椅子に腰を下ろすと、ドラムを叩きながら歌を口ずさみ始めた。

「ドン、ドン、ドン、ドン……」

アンデスの大地が震えるような力強さだ。耳を傾けていると、身体の奥が音によって刺激されているような気分になる。

1曲が終わり、2曲が終わり、3曲目が終わったところで、シャーマンが話しかけてきた。

「そろそろ山歩きに出かけようか？」

山歩きのことをすっかり忘れていた。私は小さくうなづくと施設の中に戻り、準備を整えた。

言葉を話すアルパカ

初めはサンペドロを飲んで、2時間も山を歩けるのか心配だった。

トレッキングではこのような山道を歩いていく

しかし、歩き始めて5分もすると、不安感よりも期待感の方が強くなっていった。庭でじっとしているよりも、身体を動かしている方が気分がほぐれてくる。これなら2時間でも、3時間でも歩けそうだ。

施設から10分ほど歩くと、山道の入り口に着いた。シャーマンは何も説明することなく黙々と山道を登っていく。登り始めたときはシャーマンのすぐ後ろを歩いていたが、5分もすると私たちの距離は20メートルほどに広がっていた。山道はずっと一本道が続いているし、迷うことはないだろう。私は構わず、自分のペースでゆっくり歩くことにした。

標高が上がるたびに、目に入る景色がゆっくりと移り変わっていく。視界を遮るものがないので、遠くにあるアンデスの峰々を眺めることができる。山の麓の方にはクスコの市街地も見えた。密集する家々は米粒ほどのサイズで、もはや建物ひとつひとつを判別することもできない。ずいぶん高いところまで登ってきたようだ。

一休みして空を見上げると、天気がまた変わりつつあるようだった。先ほどまでは太陽が燦々と輝く、ぽかぽか陽気のトレッキング日和だったが、南米の太陽は気まぐれなのか、いまでは雲の中にすっぽりとその姿を隠している。

太陽が隠れたせいで、気温がぐっと下がってしまった。山肌に沿うようにして、強い風が吹きつける。私は体温が徐々に奪われていくのを感じた。

シャーマンは速度を緩めることなく、ひたすら山道を登っていく。アンデスという高地で育ったせいか、息ひとつ乱れていないように見える。その背中がどんどん小さくなっていき、もう追いつけそうにないと諦めかけたとき、ようやくシャーマンが歩みを止めた。私が追い付くのを待ってくれるようだ。

しばらく山道を登っていると、通り道の脇に岩のようなものがポツンポツンと現れるようになった。自然物というよりは、人工的な感じがあり、遺跡の残骸のようにも見える。

「この山道は、もともとインカ帝国時代に使われていた道だった」

シャーマンはそう言うと、南の方角を指差した。

「この道を真っ直ぐ行けばボリビアにたどり着く。向こうに進めばエクアドルだ」

15〜16世紀にかけてこの地に栄えたインカ帝国は、クスコを中心に東西南北に領地を広げていった。特に南北の領地は長く、エクアドルの首都キトまで勢力範囲に加えていた。アンデス山脈は、標高2000メートルから6000メートル級の山が連なっている。クスコからキトまでの距離は約2900キロ。徒歩で移動するには遠すぎる距離である。インカ帝国が繁栄していたのは、およそ500年前。現代のように改善を繰り返して作られた靴もなかった時代に、よくアンデス山脈を移動できたものだと感心してしまった。

インカ時代の話を聞きながら歩いていると、「サンペドロがいつ頃から使われたのか知っているか？」とシャーマンが尋ねてきた。

「いや、わからない」

「数千年前から使われているんだ。正確な年代はわからないが、およそ３０００年ほど前からサンペドロを使用している」

３０００年前とは驚いた。遠い昔、アンデス山脈で暮らしていた山岳民族の人たちも、今の私と同じようにサンペドロを飲んでインカの道を歩いていたのかもしれない。

私は目を閉じて、彼らが見ていただろう風景を想像した。アンデスの大空には、翼を羽ばたかせながら飛び回るイーグルがいる。イーグルは地上を走る小動物に狙いを定めると、一気に高度を下げて獲物をさらっていく。山道ではアンデスの山岳民族が木で作られた素朴な笛を吹きながら、遥か遠くの地「キト」を目指して進んで行く。日の出とともに１日が始まり、日が沈むと共に１日が終わる。彼らも現代人のように１日24時間というサイクルで暮らしていたのだろうか。いや、時間なんて概念はなかったのかもしれない。

目を開けてみると、アルパカの群れを引き連れたインディオの老婆が山道を下ってきていた。老婆は色彩豊かな民族衣装を着ており、木の棒を杖代わりにしながら歩いてくる。アルパカは茶色っぽい毛色の、ラクダのような顔をした動物だ。

「チリン、チャラン、チリン、チリン」

山の上からの眺め。ずいぶん高いところに登ってきたものだ

老婆との距離が縮まると、鈴の音色が聞こえてきた。老婆が持っているらしく、彼女の歩みに合わせるようにして鈴のこすれる音が鳴り響く。外だというのに音が反響しているように聞こえてくるのが不思議である。

老婆とすれ違う時に「オラー」と挨拶をした。横を通るアルパカまでの距離は1メートルもない。手を伸ばせば簡単に触れられるほど近くにいる。その毛並みに触れてみたいと思った私は、「アルパカ」と呼びかけて注意を引き、アルパカの身体に触れようと手を伸ばした。その時、アルパカが私の顔を見つめて言った。

「アルパカじゃなくて、リャマだよ」

はっきりとしたスペイン語である。私は驚いて手を思わず引っ込めてしまった。なぜリャマが人間の言葉をしゃべるのか。それも私の間違いを指摘するように……。通りすぎるリャマの群れが視界から小さくなっていくのを待って、シャーマンに聞いてみる。

「リャマって人間の言葉を話すことができるのか？　それともサンペドロを飲んでいると、動物の言葉を理解できるようになるのか？」

私の質問は、今思えば非常に愚かに聞こえる。だが、このときの私はたしかにリャマが「アルパカじゃなくてリャマだよ」と言ったのを聞いたのだ。

シャーマンはそんな質問にも笑うことなく、「そういうことはよくあることだ」と言いたげに、

笛を吹きながら歩くシャーマン

私の顔をじっと見つめている。私の話を聞き終えると、シャーマンは静かに言った。

「サンペドロを飲むことによって、大地とのつながりを感じることができる。だから、動物の言葉が聞こえたとしても不思議ではない」

興味深かったのが、「conected to the earth」という言葉を英語で何度も繰り返したことだ。日本語に直訳してみると「地球との繋がり」だが、地球だと規模が大きすぎる。おそらくアンデスという特定の大地を指していると私は解釈した。

サンペドロはどこまでもソフトな飛び方である。アヤワスカのように強烈なビジョンが現れる様子は一向にない。幻覚が見えるというよりも、視界に飛び込んでくる山々や草木などの自然が色彩豊かで、いつも以上に美しく見える。普段は気にならない岩の細かな模様をじっくりと観察したり、花に顔を近づけて雌しべや雄しべの形や色をじっと観察する。道端に咲いた花を観察していると、シャーマンが私の傍にやってきた。

「サンペドロを飲むことによって、普段感じることがない自然の偉大さを知ることができるんだ」

サンペドロを飲んで数時間が経った。山道を歩いていると、知らぬ間に蓄積されていた日常のストレスがす〜っと和らいでいく。アンデスの大地が山岳民族に与えた自然の恵み。サンペドロを飲むことによって、五感が研ぎ澄まされ、自然の偉大さを体感できる。そう思うと、「大地との繋がり」と言うのもまんざら大げさではない。既に私の身体はアンデスの大地と繋がり始め、形容しがたい幸福感に包まれている。３５００メートルの山道を登っているというのに、足取りは重くなるどころか、どんどんと軽くなっていく。

山道を歩いていると、後ろから風に乗ってメロディーが流れてきた。後ろを振り返って見ると、シャーマンが笛を吹きながら歩いていた。初めて聞いた演奏なのに、どこか懐かしさがこみ上げてくるのはサンペドロの効果かもしれない。シャーマンの演奏は途切れることなく続いていく。その光景に見とれていると、笛の先端部分から音色に混じって音符が次々と現れては消えていくのが見えた。笛の音があたかもシャボン玉のように、現れては消えるを繰り返している。

その後、１時間ほど山歩きをしていただろうか。

シャーマンの言う「大地との繋がり」という言葉に何一つ嘘はなかった。

部屋の中でじっとしているよりも、自然を肌で感じながら歩いている方が穏やかな気持ちになれる。施設のスタッフが説明してくれたように、サンペドロの効果は緩やかに続く。徐々に変化を感じとっていくものである。ゆっくりと視覚に変化が訪れたり、気のせいだったり、幻聴がやんわりと聞こえたり、やはり気のせいだったりと、現実と非現実の狭間を行き来するのが心地良い。静かな環境に身を置き、手つかずの自然の中を淡々と歩く。旅の中で蓄積されたストレスはどんどん和らいでいき、湯上がりのときのように身体から不必要な力が抜けていった。

サンペドロの穏やかなトリップ

16時30分。儀式は終わりを迎えた。

私たちは施設を離れて街に戻ることになった。シャーマンがつかまえたタクシーに乗り、シャーマンショップに向かう。サンペドロの効果はまだ続いているようで、街の騒音が頭の中でガンガンと鳴り響く。音に敏感になったせいか、せっかく山歩きで癒えた身体がストレス社会の渦に飲み込まれていくように感じた。

山に比べると街での生活は忙しない。帰宅ラッシュで道は大渋滞しており、車のクラクションが「ビービービービービービービー」とわめいている。運転する人間がクラクションを鳴らしているのではなく、車が意思を持って自らクラクションを鳴らしているように聞こえてくる。渋滞は街の中心地に行くほど酷くなり、車は一向に前に進む気配はなく、ずっと同じところで停車している。このままタクシーに乗っているよりも、歩いた方が早くホステルに帰れそうだ。

シャーマンに礼を言って別れを告げると、車から降りて歩くことにした。

人ごみの中を歩いていると、「グー」という音がどこからともなく聞こえてきた。気にせずに歩き始めると、「グゥーグゥー」という音が再び聞こえる。辺りを見回してみるも、やはりどこで鳴っているのかわからない。おそらく空耳だろうと思い歩き始めると、「グー」と私の近くから鳴っているのが聞こえてきた。どうやらこの音は私の腹が鳴る音のようだ。考えてみれば、サンペドロの儀式のために絶食していたので、長い間、何も食べていない。唯一口にしたのは、朝のコカ茶とサンペドロの液体約1リットル、そしてトレッキング中に飲んだ水だけだ。どうりで腹が鳴るわけだ、とひとりで納得してしまう。

帰りの車の中で、シャーマンが言ってたことを思い出した。

「もし夕食を食べるなら、油ものは控えた方がいい。スープがいいぞ。せっかくサンペドロを飲んで身体の中を綺麗にしたんだから、胃に負担がかかる食事はやめたほうがいい」

夕食はシャーマンのアドバイス通り、胃に負担がかからなそうな素朴な野菜スープを飲んだ。旨くもなく、不味くもない、何の特徴もない野菜スープ。そんな質素なスープが疲れた身体にはちょうどいい。

食事を済ませると、街の人混みを避けるようにしてホステルに戻った。

部屋からクスコ市街を眺めていると、オレンジ色の街灯が漆黒の空の下でギラギラと灯っている。普段なら夜景に心を奪われて1時間ほどぼんやりと眺めるところだが、今夜はそういう気分になれない。サンペドロを飲んだせいか、美しい夜景も人工的でどこか歪んでいるように見えた。やはり自然の恵みを口にした後は、人里離れた自然の原風景の方が何百倍も美しく感じるのだろう。

サンペドロの効果は長時間続いた。9時30分頃に飲み始め、18時頃まで効果が続いていた。正確な時間はわからないが、外が真っ暗になったころから、徐々に効果が薄れていった。しかし、マジックマッシュルームやアヤワスカ同様に目が冴えているので、深夜の2時頃まで眠ることができなかった。

市場でサンペドロとアヤワスカを購入

クスコ中心地から徒歩で15分ほど行くと、その名も「サンペドロ」という地元民行きつけの市場がある。そこにはシャーマングッズを扱う店があり、ペットボトルに入ったアヤワスカや、粉末状のサンペドロが売られている。

アヤワスカの1回分の料金は50ソレス。2リットルで300ソレス。サンペドロはアヤワスカよりもさらに安く、1回分10ソレス。1キログラム約16回分で150ソレス。

私が受けた儀式の料金は、アヤワスカ1回130アメリカドル。サンペドロは1回90ドルである。個人で摂取するならば、市場で買った方がはるかに安く済ませることができる。アヤワスカとサンペドロの効果についてもっと知りたかったので、市場で購入して自分で経験を積み重ねてみること

市場の中にあるシャーマンショップ。
アヤワスカとサンペドロがローカルプライスで売られている

にした。

クスコの郊外には、「聖なる谷」と呼ばれるインカ帝国の遺跡が集まる場所がある。標高は約2900メートル。クスコからわずか500メートル下がっただけなのに、快適な気候で過ごしやすい。「聖なる谷」のウルバンバとオリャンタイタンボに滞在し、太陽の光を浴びながらサンペドロを飲み、夜はホステルの屋上でアヤワスカを飲む。そんな日々を繰り返していると、聖なる谷に着いてから2週間近くが過ぎていた。

アヤワスカはアマゾンでの体験を入れると15回近く飲んだ。

その中で一番印象に残っているのが、アマゾンで体験した2回目の儀式だ。早朝に受けたカンボの治療で体内が綺麗になっていたのだろう。アヤワスカが私の身体を受け入れてくれた。あの体験は私の中で特別だった。

サンペドロは10回ほど飲んだ。アヤワスカに比べると、サンペドロは毎回ソフトなトリップを味わえた。サンペドロを飲んで山を歩き、遺跡を巡る。サンペドロに限っては、じっと室内で過ごしているよりも、散歩をして身体を動かしている方が気持ちが穏やかになる。

一人で経験を重ねていくたびに、シャーマンの存在は不可欠であると思うようになった。

シャーマンはイカロスによって「ビジョン」をうまく見られるようにコントロールすると言われているが、その話は嘘ではない。実際、ひとりで同じ量を飲んでみたが、アマゾンで見たよう

オリャンタイタンボ遺跡から見渡せる村の景色

モライ遺跡に向かう途中

な強烈な「ビジョン」を体験することはなかった。「ビジョン」という世界観を経験したいのならば、やはりシャーマンの元で儀式を受けるのが一番だ。シャーマンという存在がいてこそ、アヤワスカやサンペドロの効果を最大限に発揮することができる。そして同じくらい重要なのは環境である。やはり自然の恩恵を受けるならば、自然に囲まれた環境で儀式を受けてこそ効果が発揮される。

アマゾンでカルロスが言っていたことを思い出した。

「市場でアヤワスカを買って自分で飲むこともできるが、シャーマンの元でやらないと良いビジョンは見られないぞ」

その言葉に嘘はなかった。

クスコを離れた後は、標高3800メートルにあるチチカカ湖で数日過ごした。そして、いよいよ南米の最終目的地、インディオ文化が最も色濃く残るボリビアに向けて出発する。

【第四章】

呪術師たちの村

～チャラサニ（ボリビア）

ボリビアの首都ラパスは、標高３６００メートルにある世界一標高が高い首都である（行政、立法府がある事実上の首都。憲法上の首都はスクレというボリビア南部にある街）。ラパスの街はすり鉢状に作られているのが特徴で、どこに行くのも坂、坂、坂……と坂を登り降りするのが大変だ。

そんなラパスには「魔女通り」と呼ばれる一風変わった観光名所がある。観光客向けのおみやげ屋が連なる通りだが、エケコ人形、ハーブ、コカの成分で作られた飴や漢方薬など、怪しい商品が売られていることから魔女通りと呼ばれるようになった。

大地の神、パチャママの儀式

似たような品揃えの店々を覗きながら魔女通りを歩いていると、ふくよかなインディオ女性が店内から「見るのは無料だから、よかったら寄ってみて」と声をかけてきた。店の中に入ると、お菓子、コカの葉、綿、花弁などが入っている籠が目に留まった。よく見ると、干からびた小動物のミイラのようなものまで入れられている。

籠を眺めていると、女性は私の横に来て話しかけてきた。

「それはパチャママの儀式で使うお供え物よ。そのミイラはリャマの胎児なの。あなたパチャママ

ホテル屋上から見えるラパス中心地の夜景

の儀式に興味があるの？　パチャママに必要なものはここですべて買えるわよ。１回分で１２０ボリビアーノよ」（1ボリビアーノ＝16円）

パチャママの儀式はアンデスを旅しているときから興味があった。パチャママの儀式は本来8月1日から1ヶ月行われる。大地の神であるパチャママにお供え物をすることによって、大地からエネルギーを分けてもらい豊作を祈願するのだ。

旅の途中で、大地の神パチャママへのお供え物を燃やす光景は何度か目撃した。クスコからボリビアに向かう途中で寄り道したフリアカやプーノでは、インディオたちが一度地面に酒をこぼし、パチャママに感謝してからお酒を飲むのをよく見かけた。私もお供え物を用意して、大地の神に旅の感謝の気持ちを伝えたい。

ペルー滞在中、呪術師にコカ占いで未来を占ってもらい、別の呪術師には邪気を爬虫類に移す呪術もかけてもらった。

コカ占いはよく当たると言われており、クスコ滞在中にコカ占いで有名な「ワサオ村」というクスコの郊外まで足を運んだ。私の出会った呪術師は、どんなことでも占ってくれると言ったので、無難に将来の経済的なことや、恋愛について占ってもらった。しかし、現状は占いの結果とは懸け離れた生活をしているので、占いは外れたことになる。

邪気を爬虫類に移す呪術では、頭の上にトカゲを乗せて呪術師がおまじないを唱えていた。私自

大地の神パチャママに捧げるお供え物。お供え物は人によって大きさや中身が違う

身、心体共に健康で、邪気という言葉とは無縁な生活を送っているせいもあり、効果を感じることはなかった。

しかし、パチャママの儀式だけは受けることはなかった。ボリビアに滞在していることもあり、儀式を受けてみるのも悪くないと思えてくる。

パチャママの儀式を受けるなら、ヤティリと呼ばれるアンデスに住む呪術師にやってもらいたい。

ボリビアにはヤティリと呼ばれるシャーマンがいる。私がこれまで儀式を受けてきたシャーマンたちとは違い、コカの葉を使った治療やコカ占いをしている。ペルーのフリアカという町では、赤いマントを羽織ったヤティリが、路上に集まる人々を相手にコカ占いをしているのを見る機会があった。

誰かパチャママの儀式をしてくれるヤティリを紹介してくれないか尋ねてみると、店の女性は「残念ながら、紹介できるヤティリはいないわ」と残念そうな表情で答えた。店から出ようとすると、女性は私の腕を引っ張って呼び止めた。

「ちょっと待って。ヤティリは紹介できないけど、カリャワヤなら知り合いにいるわ」

ボリビアにはヤティリの他にも、カリャワヤという呪術師がいる。

彼らは旅する医師団とも呼ばれており、薬草を求めてアルゼンチン、チリ、ボリビア、ペルー、エクアドルまで徒歩で山を越えていく。カリャワヤの使用する薬草はおおよそ300～600種類

コカの葉を使ったコカ占い

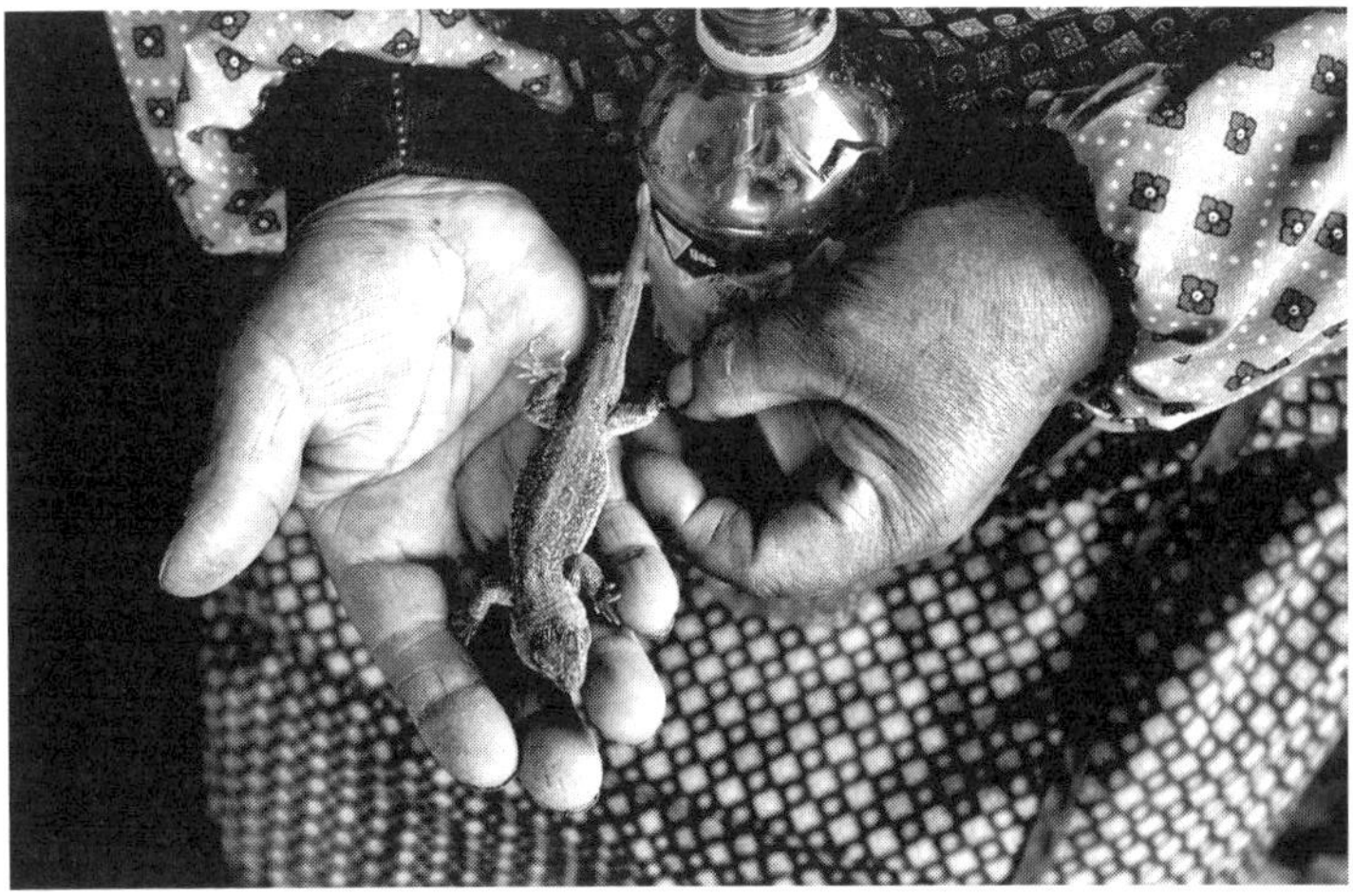

爬虫類を使用した呪術。人間の邪気をトカゲに移すようだ

あると言われており、多種多様な薬草の知識を持っている。

その中でもコカは重要な薬草で、病気、怪我の痛み止めとして古くから使用しているようだ。実際にコカの葉を額や頬に貼っている人を何度か見かけたことがある。一説によると、痛みがある場所にコカの葉を貼ると、湿布のように痛みを和らげることができるらしい。

なによりも旅する呪術師という、童話に出てくるような世界観に惹かれてしまった。私もアメリカ大陸をメキシコから南に縦断している旅人だ。旅する呪術師カリャワヤにぜひ会ってみたい。現在滞在中のラパスからカリャワヤの住むチャラサニまではバスが出ている。私はチャラサニまで足を伸ばしてみることにした。

辺境の地チャラサニ

チャラサニ行きのバスは、早朝5時半にラパスを発った。

バスが走り出して1時間ほどすると、外は明るさを増していき、車内の様子が伺えるようになる。外国人は私以外には誰も乗っておらず、乗客はインディオたちばかりだ。

通路を挟んだ横に座っている20代前半くらいの女性は、人目を気にせずに生後間もない赤ちゃんに乳をあげている。後部座席にいる20代後半くらいのカップルは、あきることなく音を立てながらキスに勤しんでいる。しばらく静かになったと思ったら、再び熱のこもったキスの音が流れてくる。だが、周りの乗客たちはそんな行為を気にするそぶりを見せない。「よくあることだ！」と言わんばかりに平然と座っている。

私の横に座る初老の男は緑の透明なビニール袋に手を突っ込むと、コカの葉をつかみ口の中に運ぶ。コカの葉で膨らんだ頬はリスが木の実を食べたときのように丸くなっている。各自が車内でそれぞれの時間を過ごしながら、バスは辺境の地チャラサニに向かって進んで行く。

ラパスを発ち約8時間。予定時刻よりも少し遅れてチャラサニに到着した。

バスを降りると、まずは村の中心地に行ってみることにした。

舗装されていない凸凹の道を下っていくと、5分もかからずに村の中心にある小さな公園が見えてくる。公園のベンチでは、民族衣装を着たインディオたちが座っており、雑談をしながらコカの葉を口に運んでいる。空いているベンチに腰を下ろし、長いバス移動で疲れた身体をほぐしていると、初老のインディオが手招きしているのが目に留まった。

男たちの所に行くと、アジア人観光客、あるいは観光客自体が珍しいのか「あんたどこから来たんだ？」と尋ねてきた。

「ハポン（日本）だよ」

「え、ハポン!?」

周りのインディオたちが「ハポン」という言葉に「おー!」と歓声を上げた。

「ずいぶん遠くから来たね。ここまで何時間かかった?」

こういう質問には困ってしまう。私は日本からチャラサニまでまっすぐ来たわけではないからだ。インディオたちは期待を込めた目でこちらを見つめている。私は旅の途中でラパスからチャラサニに来たことを伝えると、「もし日本からチャラサニまで来るなら、3日くらいはかかるよ」と大雑把に計算した時間を伝えた。

「ところで、ここまで何しに来たんだ?」

「カリャワヤに会いにきた。できればパチャママの儀式を受けてみたいんだけど」

「あとで公園の前でカリャワヤたちが集会を行う。まだ集会が始まるまで時間に余裕があるから、村を散歩するついでに温泉に行ってみるといい」

チャラサニに着いた早々、カリャワヤに会えるとは思ってもみなかった。

オアハカでのシャーマンとの出会い、これから出会うカリャワヤといい、シャーマンや呪術師に会いたいと思って村に行くと、その願いを叶えてくれるように出会いが待っている。当初は、村で聞き込みをしながらカリャワヤを探すつもりでいたが、彼らを探す手間が省けたようだ。

初老のインディオに言われた通り、山を下ったところにある温泉に行ってみることにした。

15分くらい山道を下って行くと、温泉施設が建っているのが見えてくる。施設まで続く急な坂道を下って行くと、温泉施設に到着した。入浴料は5ボリビアーノで、無料で水着の貸し出しもおこなっている。

水着に着替えて外に出ると、温泉というよりもプールのような広い露天風呂だった。湯からは煙がうっすらと上がっている。入ってみると適温に保たれていた。

休日ということもあり、すでに来客が4人いる。40代の男2人と20代前半くらいの男2人で、湯に浸かりくつろいでいる。日本から遠く離れたボリビアの地で、温泉に入る文化があることに驚いた。5分くらい湯に浸かっていると、新たに初老の男がやってきた。

露天風呂には私を含め6人の男がいるが、誰もしゃべらないのでシーンと静かだ。耳には小鳥のさえずりや、川を流れるせせらぎだけが聞こえる。自然に囲まれた環境の中にいると、あらためて山奥に来たことを実感してしまう。

呪術師たちの集会

「パンパン、パンパン」

温泉に浸かり、チャラサニに来た目的を忘れかけていた頃、乾いた爆竹の音が村の方から聞こえてきた。音に反応した鳥たちが安全な場所を求めるように、一斉に羽ばたいていく。温泉からあがり時間を確認すると、ちょうど集会が始まる時刻になっていた。

初老のインディオに教えられた集会場所に戻ってみると、公園を囲うようにして並ぶ商店のシャッターがすべて閉まっていた。

まだ集会は始まっていないようだが、続々と民族衣装を着た人々がどこからともなく集まってくる。その中には、赤いマントを羽織り、色鮮やかなバッグを肩にかけている人たちの姿があった。カリャワヤだ。赤いマントは彼らのトレードマークで、色鮮やかなバッグには薬草が入っているといわれている。次々に集まってくるカリャワヤに見とれていると、中年のカリャワヤがまた爆竹を鳴らした。その後、一般の村人たちがやってきた。10人ほど集まったところで、集会が始まった。

がっちりとした体格のボス的な男が、集まった村人を一瞥すると演説を始めた。集まった住民たちは熱心に話を聞いている。いったい何の話をしているのか、意味を取るために必死で言葉を追ったが、3分もしないうちに話がまったくわからなくなった。メキシコから始めた中南米の旅ももう少しで1年が経とうとしている。その間、旅の中でよく使う単語やフレーズは自然と身についたが、演説の内容を理解するまでのスペイン語は習得できていない。いくつか単語を聞き取ることはできたが、結局、演説の内容はつかめなかった。

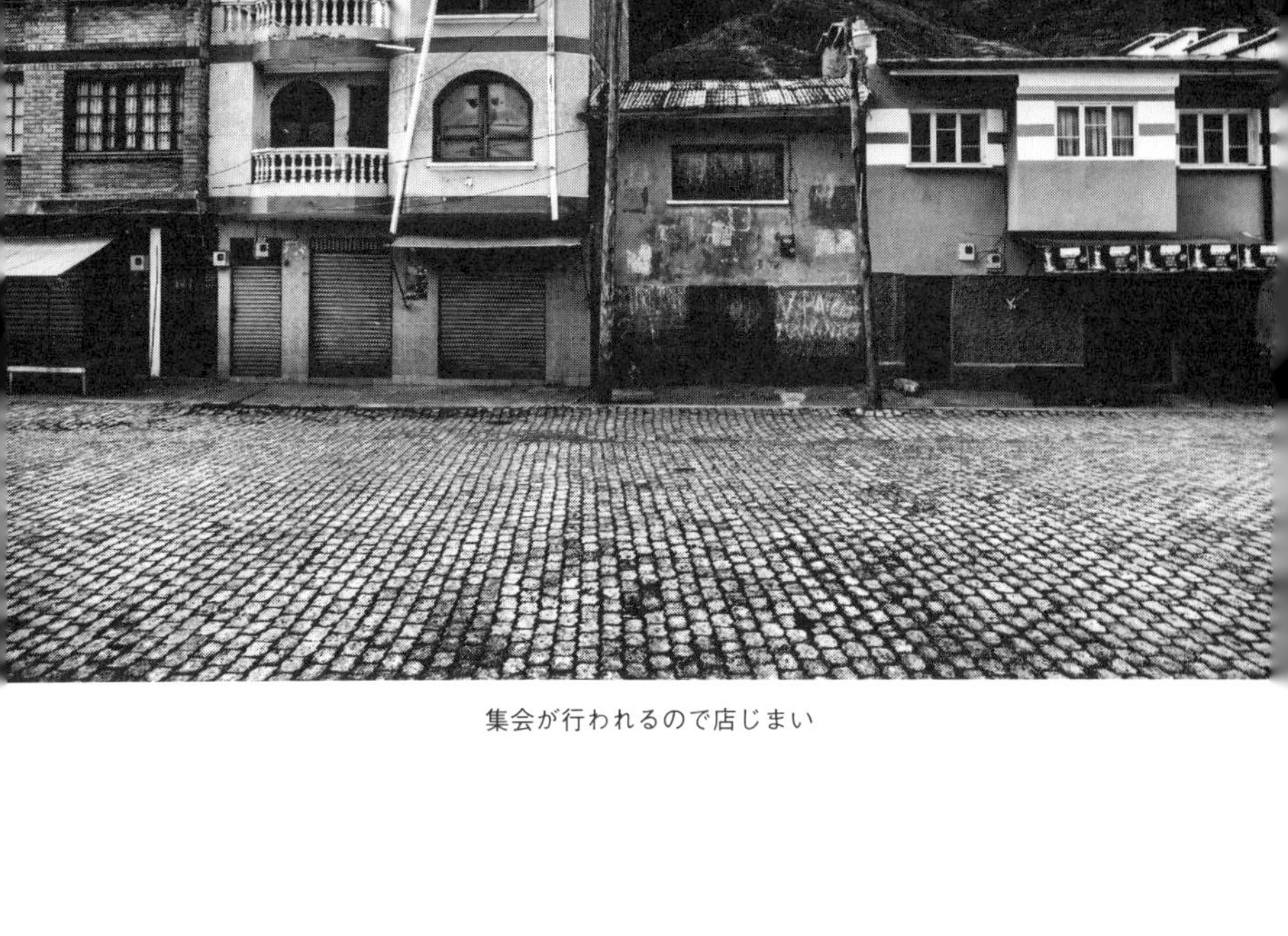

集会が行われるので店じまい

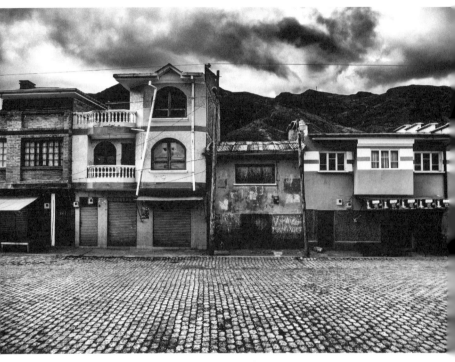

演説が終わると、いよいよパチャママの儀式が始まった。

カリャワヤと村人たちの間には、カゴに入ったお供え物が置かれている。カリャワヤたちは瓶に入った酒を持ち、ひとりひとり、お供え物のカゴの中に酒をこぼしていく。

15人くらいのカリャワヤが酒をこぼし終えると、最後にボスが一言口にしてカゴに火を注いだ。

純度の高いアルコールが注がれたせいか、カゴは勢いよく燃え上がった。火はどんどん強くなり、大きな炎が立ち上る。参加者は誰も言葉を発することなく、静かに燃えていくカゴを眺めている。

火が消えて灰になると、儀式は終わりだ。何かに対する意見を集めているのか、参加者たちは署名簿に名前を記入すると集会は解散した。

広場をあとにして公園に向かうと、集会を終えたばかりのカリャワヤたちが木陰で休んでいた。

そのうちのひとりに写真を撮ってもいいか、と尋ねると笑顔で了承してくれた。

カリャワヤたちはフレンドリーで、写真を撮り終わると、初老のカリャワヤが酒を飲むように勧めてきた。

コップに酒を注いでもらうと、地面に酒をこぼしてから一息に飲み干す。

「パチャママの儀式を受けてみたいんだけど」

コップを返すタイミングで聞いてみると、初老のカリャワヤは大きくうなづいた。

「いいだろう。だが、明日は用事があるから無理だ。明後日なら儀式をやってやるぞ」

演説が終わった後は、静かに燃えていくお供え物を眺めている

カリャワヤ。コップに注がれたお酒を飲むように勧められた

「料金はいくらになる？」

「それは……」

なぜか料金を説明する段になると、カリャワヤは口ごもってしまう。結局、儀式をやることは決まったが、肝心の費用は最後まで教えてもらえなかった。

提示された謎の料金

約束の日。集会のときに住所を教えてもらっていたので、日が落ちた頃に初老のカリャワヤの家に行ってみる。カリャワヤは在宅しており、家の中に招き入れてくれた。

部屋は住居というよりも、ガレージのようだ。床はコンクリートがむき出しになっており、掃除をしていないのか砂だらけになっている。全体的に埃っぽく、砂塵が宙を舞っているので空気が悪い。そんな部屋の3分の1は、何が入っているのかわからない無造作に積まれた土嚢で占められており、玄関のドアのすぐそばにはシミがこびりついたソファーが置かれている。

カリャワヤは部屋の扉を閉めると、土嚢の上に腰を下ろして説明を始めた。

「さっそく儀式を始めようと思う。それで値段なんだが……」

料金の話になった途端に、また急に口ごもってしまう。

男は天井にぶら下がる裸電球を眺めながら、何かを考えこんでいる。

静かな室内に重い沈黙が流れる。どこかで大型犬が吠えているのが聞こえた。どのくらい待てばいいのだろうか。嫌気がさし始めた頃、男はようやく口を開いた。

「お供え物200ボリビアーノ、仕事料300ボリビアーノ。この値段で儀式をやってやる」

金額を聞いて、思わず耳を疑ってしまった。ボリビアの物価から考えると異様に高いのだ。私は聞き間違えたかと思い、再度、料金を聞いてみた。

「もう一回、値段を聞きたいんだけど」

「お供え物が150ボリビアーノ、仕事料が300ボリビアーノだ」

なぜか材料費の金額が変わっている。

儀式に使うお供え物は、魔女通りでも売っていた。内容が豪華な、本格的なお供え物でも120ボリビアーノくらいだったはずだ。男の提示する金額は、どう考えても高い気がする。集会所で初めて会ったとき、男は頑なに料金を教えてくれなかった。隣には別のカリャワヤも座っていたので、高額な儀式の代金を口にするのがはばかられたのではないか。

もっとも、今回のケースは私にも責任がある。集会所にはカリャワヤがたくさんいたのに、儀式の相場を調べようとしなかった。カリャワヤは穏やかで良心的だと勝手に思い込んでいたのは、私の落ち度だった。

迷ったが、ぼったくられるのも癪《しゃく》なので、私は儀式を断った。男は特に感情を顕《あらわ》にすることもなく、私の断りの言葉を静かに聞いていた。

帰り道に寂れた定食屋で夕食をとることにした。チキンスープを頼むと、少ししてから運ばれてきた。スープをかき混ぜると、具に混じって虫のような物体が浮いているのに気がついた。スプーンですくって確認すると、大きなハエの死骸だった。

食べずに帰ろうかと思ったが、口をつけずに残すのも気が引ける。恐る恐るスープを飲んでみたが、ハエが浮いていたからといって普通のチキンスープと味はとくに変わらなかった。

ラパスから8時間もかけてきたというのに、この体たらく。儀式ではぼったくられかけ、食堂ではハエ入りスープをのまされて、もう踏んだり蹴ったりだ。

外に出ると、すっかり日が暮れて真っ暗になっていた。途中、公園があったので立ち寄ると、3〜5歳くらいの小さな子供たちが無邪気に走り回っていた。空いているベンチに腰を下ろし、子供たちを目で追いかけていると、集会の情報を教えてくれた初老のインディオがやってきて私の横に腰を下ろした。

男はコカの葉が入ったビニール袋を私の方に差し出した。

アンデス山脈の町や村では、市場や路上でコカの葉を販売しているのをよく見かける。コカの葉

チャラサニの村景色。奥に見える山が霧に包み込まれたり、
ひょっこりと姿を現したり。山の中なので天候がころころ変わる

にはアンデスの人々にとって万能薬とも言える存在だ。高山病を防止する効果もあるとされており、現地ではそのまま噛んだり、お茶にして飲むなどして利用されている。苦みがあるので、私は黒いミントと一緒に噛むことが多かった。

遠慮なく袋の中に手を突っ込み、コカの葉を掴むと口の中に放り込んだ。しばらくすると、口の中に苦みが広がり、軽い痺れが生じてくる。男もコカの葉を掴むと、慣れた手つきで枝をむしり取った後に口の中に運んだ。

無言のまましばらく子どもたちを眺めていると、男が静かに語りかけてきた。

「儀式は受けられたのか？」

「いや、受けなかった。500ボリビアーノと言われたから断ったよ」

「500ボリビアーノ？」

「お供え物が200ボリビアーノで、仕事料が300ボリビアーノだと言われた」

初老のインディオは驚いた顔を浮かべた。やはりあの男はふっかけていたのだろう。

「まだパチャママの儀式を受けたいなら、私の友人を紹介しようか？」

「明日の朝の便でラパスに戻らないといけないんだ。遠慮しておくよ」

チャラサニからラパスに戻ると、ボリビア南部の街スクレやポトシを回ってからウユニ塩湖で有名なウユニを訪れた。

パチャママの儀式で使うリャマのミイラ

年末だったこともあって、露天ではパチャママの儀式で燃やすお供え物が何種類か売られていた。値段によって籠の中に入っているお供え物に違いがあるものの、お菓子、コカの葉、綿、花弁と最低限の物は揃っている。貴重品なのか、リャマの胎児だけは別料金だった。

お供え物を購入し、パチャママの儀式をしてみることにした。

ホステルの裏の路上にパチャママへのお供え物を置き、籠の中に万遍なくアルコールを垂らす。火をつけると大きな炎が上がった。お供え物は5分もかからずに灰になった。儀式はあっという間に終わってしまった。

コロンビアから始まった南米の旅。エクアドル、ペルー、そしてボリビア。アンデスの大地を旅してきたことに感謝の気持ちを捧げた。

南米の旅はもうじき終わりになるが、私の旅はまだまだ続く。

最終目的地のメキシコまで無事に辿り着くことを祈ると、ホステルに帰ることにした。

【第五章】

究極の幻視体験
ペヨーテ

〜レアル・デ・カトルセ（メキシコ）

チリの首都サンティアゴから、旅の出発地点のメキシコシティに戻ってきた。エクアドルのグアヤキルから一時帰国したが、通算で1年ほど中南米を縦断していたことになる。メキシコを旅の最終目的地に決めたのは、この地でやり残したことがあったからだ。私は密かな決意を内に秘めて、この旅4度目になるメキシコシティー国際空港に降り立った。

1月下旬のメキシコシティの夜は、真夏日が続いていたサンティアゴの気候とはガラリと変わり、ジャケットなしでは身震いするほど冷え込んでいる。昨日まではシャツにジーンズと夏の服装で歩いていたのが幻のように思えてくる。チリからメキシコまでは飛行機で9時間程度の移動距離だが、南半球と北半球では見事なまでに季節が真っ逆さまになる。

サンティアゴでは21時を過ぎても明るかったが、メキシコシティでは19時前には陽が沈んで暗くなる。日の短さがそう思わせるのか、南米の陽気さとは対照的にメキシコシティは冬の陰鬱な空気に包まれているように感じた。

旧市街を散歩したあとに、公園のベンチに腰をかけた。タバコに火をつけ煙を吸いこむと、この地でやり残していることを思い浮かべた。

荒地の中で隠れるようにして自生している幻覚サボテン「ペヨーテ」。

ペヨーテは幻覚成分メスカリンを含んだ幻覚サボテンである。第3章のクスコで儀式を受けたサンペドロもメスカリンを含んでいるが、ペヨーテの方がより強力な幻覚症状が現れると言われている。ペヨーテの存在を知ったのは、アメリカの人類学者、カルロス・カスタネダの『呪術師と私—ドン・ファンの教え』、そしてオルダス・ハスクレー『知覚の扉』である。幻覚サボテンの代表格といわれるペヨーテは、いったいどんな「ビジョン」を見せてくれるのか。各地で様々な儀式を受けたことで、「ビジョン」に関する興味はますます高まっていた。もう少しだけ、その世界に足を踏み入れてみたい。

そんな好奇心から、私は最後の旅をすることにした。目指すのはメキシコ中西部の村、ペヨーテが自生しているウイチョル族の聖地「レアル・デ・カトルセ」である。

カトルセまでの長い道のり

メキシコシティから中継地点のサン・ルイス・ポトシまでは、約5時間の快適なバスの旅だった。当初は、レアル・デ・カトルセまで直行しようと考えていた。だが、メキシコシティからカトルセまでは、バスで9時間もかかる。しかも3度の乗り換えというおまけつきだ。

メキシコシティからレアル・デ・カトルセまでのルートは、まずサン・ルイス・ポトシに行き、そこでバスを乗り換え、2時間ほど北上したマテワラという街に行く。ここでカトルセ行きのバスに乗り換え、オガリオというトンネルの前で再びトンネル内を走る専用バスに乗り換える。

合計3回の乗り換えがあるので、待ち時間を入れるとゆうに10時間以上はかかる可能性がある。スムーズに乗り換えができない場合を考えると、中継地点に滞在してからカトルセに向かう方が得策だと思ったのだ。

サン・ルイス・ポトシはスペイン植民地時代に栄えた街で、歴史を感じさせる古い街並みが広がっている。中心地をぶらぶらしていると、中央広場付近にツーリストインフォメーションを発見した。オフィスに入ると、20代後半の女性と初老の女性がカウンターの奥に座っている。私は若い女性にカトルセについて幾つかの質問をしてみることにした。カトルセにペヨーテがあることは知っているが、他の情報は何一つ持ってないからだ。

「レアル・デ・カトルセの観光情報が知りたいんだけど……。パンフレットはありますか?」

「カトルセは山の上にあるから、この時期は寒いわよ。朝晩は0度くらいになるの。ちょっと待ってね」

そう言うと、女性は壁際にある観光パンフレットを3枚手に取り、カウンターの上に地図を広げて説明を始める。

「ここがオガリオ・トンネル。ここが中心地にあるラ・プリシマ教会。ここがプラザ・デ・アルマス。ここが……」と観光名所についてざっくりと教えてくれた。

女性の説明が終わると、私は気になることを尋ねてみた。

「カトルセには、ATMはあるんだろうか？」

「たしかATMはないはずよ。ここで滞在中に使う分の金額を下ろしてから行くのがいいわ」

ペヨーテの金額がわからないので、滞在にどのくらい掛かるのかわからない。事前に情報をインターネットで調べたものの、ペヨーテの値段までは詳しく書いてなかった。女性にペヨーテの値段について聞いてみようと思ったが、ツーリストインフォメーションではそういった情報までは教えてくれないだろう。

ウアウトラでマジックマッシュルームの儀式を受けたときは、700ペソ、1000ペソ、1200ペソだった（1ペソ＝約6円）。メキシコの物価から考えると、おそらく1000ペソ前後だろうと思った。女性と話し終わると、アンケート用紙にサインをする。そしてカトルセの観光マップを貰うと、オフィスを後にした。

サン・ルイス・ポトシで過ごしたあとは、カトルセ行きのバスが出ているマテワラまで向かう。

メキシコシティーからサン・ルイス・ポトシまでの道のりとは変わり、荒野の中に真っ直ぐに伸びる高速道路をひたすら北上していく。ときおり高速道路の脇に休憩ができる商店を数軒見かけるだけで、西部劇の舞台のような殺風景な荒地がずっと続いていく。サン・ルイス・ポトシを発ってから約2時間、マテワラに到着した。

マテワラからカトルセ行きのバスが出発するまで、さらに2時間ほど空きがある。ターミナルの外にあるベンチに座ってタバコをふかしていると、ヒッピー風の男が私の横に腰を下ろした。

「ライター貸してくれないか？」

久々の英語である。

私がライターを渡すと男はタバコに火をつけ、ライターを返しながら話しかけてきた。

「これからどこに行くんだ？」

「カトルセに行くんだけど、バスが来なくて待ちぼうけをくっているところだ」

「俺がカトルセに行った時も、バスが来るまで時間がかかった。そうそう、カトルセは寒かったぞ！」

ヒッピー風の男はそう言って寒そうに身をすくませると、「俺はマイクだ。よろしく」と自己紹介をしてきた。

「俺はこれからメキシコシティに戻るところだ。そっちは何しにカトルセまで行くんだ？」

「観光と言いたいところだけど……実はペヨーテを食べるのが目的なんだ」

マイクはドレッドヘアにくたびれた服を着ており、足元には使い古した15リットルほどのバックパックが置いてある。タバコの煙を美味そうに燻らせ、いかにも旅なれた雰囲気を醸し出している。

マイクは吸い終わったタバコを靴の底でもみ消すと、「きっと良い体験ができるはずだ。ペヨーテを食べるなら、水分は持って行った方がいいぞ」と助言してくれた。

お互いのバスが来るまで、旅の話をしてやり過ごした。マイクはカナダ、アメリカ、メキシコと南下してきているようで、ブラジルまで行くという。期間は決めてないようだが、半年から1年くらいかけて旅をするつもりらしい。

「ところで、南米はどこの街が一番良かった？」

マイクに聞かれて答えに窮してしまった。よく聞かれる質問だが、どの街も良い思い出があるため、あえて順位をつけてこなかった。私はその質問には答えない代わりに、アマゾンでの体験を話すことにした。アマゾンで飲んだ「アヤワスカ」の実体験を語っていると、マイクは終始興味深そうに耳を傾けていた。

「具体的にどんな体験をしたんだ？」

マイクは目を輝かせながら聞いてきた。

「欧米では人生観が変わるって言われているよね。でも人生観を覆すほどの体験ではなかったかな。むしろ1年かけて中南米を旅する中で遭遇した数々の経験の方が、人生に与える影響が強かったように思う」

「たしかに長期間旅に出ていると人生観が変わってくるよな」

マイクは賛同するように相槌を打った。

私はアヤワスカについて、自分の知る限りのアドバイスをすることにした。マイクがアヤワスカについて興味津々だったからだ。

「アヤワスカを飲むなら、相性の良いシャーマンを見つけること。相性の良いシャーマンに出会うことができれば、素晴らしい体験をもたらしてくれる。それと最低3回は飲んだほうがいい。1回でビジョンが見られる可能性は低いからね」

メキシコシティー行きのバスが来ると、マイクは一言残して去って行った。

「南米に行ったら絶対にアヤワスカ飲んでくるよ！　グッドラック、素晴らしきトリップを！」

カトルセ行きのバスもじきにくるだろう。マイクが去った後は、タバコを吸っては消し、吸っては消しを繰り返しながら時間をやり過ごした。バスは10分前にターミナルにやってきた。

バスのトランクに荷物を預け、入り口でチケットを見せてバスに乗り込んだ。車内には私を含めて3人しか乗っていないので、指定された席ではなく他の乗客から離れた席に座る。バスは予定時刻通りにマテワラを出発した。

マテワラのバスターミナルを発ち15分も経つと、バスは荒地の中に伸びる真っ直ぐの道路を走っていた。

やがてバスがカトルセへと続く山道の入り口を左折すると、路面はアスファルトから砂利道に切り替わった。バスは振動で上下に跳ねながら進んで行く。他の乗客が途中の集落で下車したため、車内は私一人だけになった。集落を抜けると山へと続く道を上がっていく。マテワラにいた時は青空が広がっていたのに、山を登るたびに雲行きが怪しくなってきた。

つづら折りの山道に沿って走っていると、パラパラと小雨が降り出した。そして5分も経たないうちに激しい横殴りの雨へと変わった。運転手はワイパーを作動させたが、雨の勢いが凄まじく水を拭ききれない。バスの窓は雨の雫と湿気で真っ白に曇ってしまい、どこを走っているのかすらわからなくなった。

バスに乗ってから1時間半が過ぎようとしている。バス会社のスタッフいわく、「マテワラから1時間もあればカトルセの入り口に到着します」と言っていたが、未だにカトルセに着く気配がない。いつになったら到着するのだろうと思い運転手に尋ねてみると、「あと5分もあれば入り口に着く」と教えてくれた。

運転手の言った通り、バスは5分ほど走るとオガリオ・トンネルの前に到着した。トンネルの横には大型バスが10台以上は駐められそうな大きな駐車場があり、そこでトンネル内を走行する専用バスが待機している。オガリオ・トンネルは狭いトンネルのため、大型バスでは内部を通行できない。そのため、ここで小型のバスに乗り換えなければならないのだ。

バスを降りようとすると、運転手が話しかけてきた。

「雨が降っているから、専用バスの真横に停車してやる」

外は凄まじいまでの土砂降りだ。私は預けていたバッグパックを受け取ると、専用バスに積み替えた。積み替えの作業は15秒もかからなかったが、全身がびしょ濡れになってしまった。

バスの前には3台のピックアップ・トラックが列を作っており、エンジンを停止させた状態で停まっている。オガリオ・トンネルは一方通行なので、反対方向から車が出てくるのを待っているのだ。まだ、車が出てくるまでに時間がかかるのだろう。バスの運転手もエンジンを切って待機している。エンジン音が止んだ途端、雨がバスの車体を激しく叩く音が「バチバチ、バチバチ」と車内に鳴り響く。雨というよりも雹が車体に当たっているような激しい音である。

10分くらい停車していただろうか。トンネルの中から車のヘッドライトの明かりが漏れてきた。そして1台のセダンがトンネルから飛び出し、2台、3台、4台、5台と続々と車が出てきた。合計で12台の車が出てくると、ようやく私たちがトンネルを走る番になった。

トンネルの中はとにかく狭く、窓から手を伸ばせば壁に触れられるほど幅がギリギリのところもあった。しかし、運転手は慣れているらしく、スピードを緩めることなく進んでいく。

このトンネルを抜ければ、いよいよペヨーテの聖地レアル・デ・カトルセだ。

5分くらい走ると、ようやくトンネルの出口が見え始めた。

数百メートル先に外界の光に照らされたトンネルの出口が白く輝いている。トンネルを抜けると、暗闇に慣れていた私の視界は一瞬真っ白になった。ゆっくりと目を開けてみると、そこには目を疑う光景が広がっていた。

トンネルの向こう側は大粒の雨が地面を叩く音が聞こえるほど、土砂降りの雨が降っていた。しかし、トンネルの先のカトルセはすっかり晴れており、雨が降った形跡はどこにも見当たらない。夕暮れ時の空には、オレンジ色の雲が浮かんでいる。全長2・5キロ程度のトンネルを抜けただけなのに、まさかここまで天候が変わるとは思ってもみなかった。「プエブロ・マヒコ（魔法のように魅惑的な場所＝メキシコ政府観光局が選定した特別観光地）」に選ばれたというだけあって、魔法にでもかかっているような不思議な村である。

宿無しからのスタート

運転手に礼を言いバスから降りると、大きな駐車場を歩いて中心地へ向かった。

村のメイン通りは石畳が敷いてあり、道の両脇には飲食店や民芸屋が軒を連ねている。

人口1000人にも満たないこじんまりとした村だが、そこかしこに古き良き時代の面影が残っている。石組みで作られた建物やピンク色の建築物、歩きにくい凸凹のある石畳。そして山の麓を切り崩した地形のせいか坂道が多い。教会の鐘が「カラーン、カラーン、カラーン」と村の中に響き渡る。

まずは重たい荷物を置いてから散歩しようと、ホステルにチェックインすることにした。入り口の門をあけて中に入ると、木製のペンキが剥がれかかった扉をノックする。しかし、30秒経っても誰も出てこない。今度は強めに「ドンドン、ドンドン」と扉をノックする。中に人がいれば絶対に気がつくほど大きな音である。だが、1分が経ち、2分が経っても中からは物音ひとつ聞こえてこない。

再び扉を叩くと、ホステルからではなく道路脇から声がかかった。

声のする方を振り返ってみると、40代前半くらいの眼鏡をかけた女性が立っていた。女性と目が合うと「あなた、宿の予約はしているの?」と英語で尋ねてきた。

「ああ、予約をしているよ」

「あら、そう……。残念だけど、宿のオーナーは20分くらい前に出ていったわよ」

「出ていったって? すぐに帰ってくるよね?」

「残念だけど、帰ってこないと思うわ」

そんなはずはない。こちらはしっかり予約しているのだ。宿のオーナーも私が今日到着することはわかっているはずだ。ホステルの門をくぐり道路に出ると、予約をした時に送られてきたメールを女性に見せた。

カトルセのランドマーク的な存在の教会。オレンジの街灯に照らされ、美しく浮かぶ

「たしかに今日から5日間の予約をしているわね。おかしいわ、予約があるのに出て行くなんて。ちょっと待ってて、今からオーナーに電話するから。私はエマって言うの。彼女の古い友人なのよ」

エマはそう言うと、バッグからスマートフォンを取り出し、電話をかけてくれた。しかし、オーナーは電話の電源を切っているのか、電波の通じないところにいるらしく、電話は通じない。3分ほど待ってかけ直してもくれたが、状況は何も変わらなかった。

「多分、彼女は予約のこと忘れていると思うわ」

「予約しているのに忘れてるって……」

そうこうしているうちに、太陽は山の奥へと沈んでしまい、街にはオレンジ色の街灯が灯り始めた。太陽が姿を隠したことで、気温がぐっと下がる。

「今日は諦めた方がいいわね」

エマが気の毒そうに言った。たしかにこのまま宿の前にいても何の解決にもならない。すぐにでも別の宿を探さなければならないのはわかっているが、カトルセのホテルはリゾート価格で高い。だからこそ、あらかじめ安いホステルを予約してきたのだが……。これではすべての計画が台無しである。

エマと出会ってから30分が経とうとしている。見ず知らずの人にこうして時間を割いてもらって申しわけない気持ちでいっぱいだが、他に頼る人がいない。

改めて周りにあるホテルを見回してみると、どこもそれなりの値段がしそうな立派なホテルばかりだ。私が困っていると、見かねたエマが提案してくれた。

「近くにホステルを経営している知り合いがいるから、そこまで行ってみましょう。たぶん、そこなら高くないはずよ」

エマに導かれるようにして、ホステルに向かうことになった。

ホステルに着くと、エマはオーナーに事情を説明しに行ってくれた。ホステルの入り口で待っていると、エマが微笑みながら戻ってきた。

「今日1日なら部屋が空いているわよ」

トイレとシャワーこそ共同だったが、部屋は十分な広さと設備で、必要なものは何でも揃っていた。料金を聞くと350ペソだという。私が予約していたホステルよりも安かったので即決した。

13キロのバックパックと6キロのバッグを部屋に置くと、お礼を言いに部屋から飛び出した。0度近くの寒い中、エマと宿のオーナーはホステルの庭で立ち話をしている。私はエマの前に行くと声をかけた。

「今日はここに滞在することにするよ」

「それはよかったわ。部屋を気に入ってくれたかしら？」

「今日1日過ごすには十分すぎる素敵な部屋だよ、ありがとう。本当に助かったよ」

「気に入ってくれたなら良かったわ。明日には彼女帰ってくるはずよ」

エマは笑顔で返答してくれた。

中南米というと、凶悪犯罪を起こすマフィアやギャング、強盗団の影響もあってか、治安が悪いイメージがある。しかし、実際に旅をしてみると親切な人に出会うことが多い。中南米の人たちは困っていると親身になって助けてくれる。

宿を紹介してくれたお礼に、エマに明日プレゼントを渡そう。彼女に改めて感謝の気持ちを伝えると、部屋へ戻ることにした。

翌朝、食事をとった後に予約しているホステルに寄ってみると、今日は扉が開いていた。エマの言った通り、オーナーが帰ってきているようだ。

ホステルの中に入ると、オーナーが申し訳なさそうな表情を浮かべて謝ってきた。

「昨日はごめんなさいね。用事があって、あなたが来る20分前にここを出たのよ」

おそらく私がトンネルの前で待っている時にすれ違ったのだろう。昨日のお詫びとして、宿泊費を1日無料にしてくれたので滞在を1日延長することにした。

ホステルにチェックインした後は、エマに渡すプレゼントを探しに村の中心地に向かった。

カトルセは、近年観光業が主な収益源になっているので、メイン通りには土産屋が並んでいる。しかし、観光客向けの商品ばかりで、地元の人が喜びそうなものは見当たらない。何を渡せば喜ん

夜のカトルセを歩くと、通りに屋台が出ていた

でくれるのか考えながら歩いていると、一軒の民芸品店が目に入った。

入り口から中を覗いてみると、ウイチョル族の民芸品が机の上に整頓されて並んでいる。

ウイチョル族はメキシコの山岳部に住む少数民族だ。10月から2月にかけて「ペヨーテ狩り」と呼ばれる伝統行事を行うなどペヨーテと深い関係があり、赤、青、黄、緑の鮮やかなビーズを使用した髑髏、兎、鹿などの置物を作り、ペヨーテを食べた時に見る「ビジョン」を表現する。店内には「ニエリカ」と呼ばれるウイチョル族の極彩色の毛糸絵が飾られていたが、店員の姿はどこにも見当たらない。また後で戻ってこようと、別の店に行くことにした。

ぶらぶらと村の中を歩き回っているが、エマが喜びそうなプレゼントはなかなか見つからない。このまま探していてもキリがないので、クッキーとチョコレートのお菓子を購入することにした。その足でエマにプレゼントを渡しにいった。

買ってきたお菓子を渡すと、エマは「何？」と言いながら包装紙を開け始めた。お菓子の入った箱が出てくると、エマは白い歯を見せて「私このお菓子大好物なのよ！」と喜んでくれた。

カウボーイからの誘い

時刻を見ると、10時30分。ようやくペヨーテの情報収集に向けて動き出すことができる。再びメイン通りに戻ると、ペヨーテの情報を探し始めた。

しかし、これが簡単にはいかない。ペルーなどではアヤワスカツアーのチラシを配ったりしていたが、カトルセではそういうものを一切見かけない。現地まで行けばなんとかなるかと思っていたが、考えが甘かったことをすぐに思い知らされた。どうやってペヨーテの情報を集めればいいのだろう。ウイチョル族の民芸品が売っているお店に寄ってみたものの、相変わらずもぬけの殻で、店の中には誰もいない。

メイン通りを西の方角に進んでいくと、長さ25メートルほどの正方形の小さな公園がある。公園のベンチには白いテンガロンハットをかぶったカウボーイが数人座っており、何やら楽しげに話をしている。前を通りかかったとき、20代前半くらいのカウボーイが話しかけてきた。

「馬に乗らないか？」

レアル・デ・カトルセでは乗馬は人気のアトラクションのようで、ガイドのような仕事をするカウボーイがたくさんいる。馬は好きだが、ペヨーテの情報を集めることが先決である。若いカウボーイの誘いを断ると、今度は中年のカウボーイがやってきた。

「俺はロドリゲスだ。ヒクリを探しにカトルセまで来たんだろ？」

「ヒクリ？」

聞き返すと、ロドリゲスは両手の親指と人差指を合わせて大きな輪っかを作った。

「ヒクリに興味はないのか？」

ヒクリという言葉を聞くのは初めてだ。しかし、カウボーイが作った輪っかを見ると言葉の意味がなんとなくわかってきた。私はポケットからタバコを取り出すと、ライターで火をつけて煙を吸い込んだ。まずは煙を吸って、はやる気持ちを落ち着かせたい。

タバコを1口、2口吸って煙を吐き出すと、ロドリゲスも胸ポケットからタバコを取り出して煙を吸い始めた。ロドリゲスは旨そうに煙を燻らせると話を続けた。

「どうする？　ヒクリに興味ないのか？」

「ヒクリって、ペヨーテのことか？」

「ペヨーテとも言うが、ここではヒクリと呼んでいる」

ペヨーテが現地でヒクリと呼ばれていることは知らなかった。どうりで街の中を探してみても、ペヨーテの情報が見つからないわけだ。街で情報収集をしていたとき、そういえばヒクリと書いてある看板を見かけたのを思い出した。

「ペヨーテはどこに行けば手に入る？」

「カトルセにはない。ここから1時間半ほど行った荒地にある。ヒクリを探すのにそう時間はかからない。どこにヒクリが自生しているのか知っているからな」

「荒地まではどうやって行く？」

「馬に乗って行く」

私は気になっていた値段を尋ねてみることにした。ロドリゲスは「1500ペソだ」とぶっきらぼうに答えた。

1500ペソ……、なんとも言えない金額である。ウアウトラで受けたマジックマッシュルームの儀式は一番高額だったもので1200ペソ。だが、こちらは馬で荒地に行くという。ペヨーテを探す手間を考えると、1500ペソは高くはないのかもしれない。

あれこれ考えを巡らしていると、ロドリゲスは急に「1000ペソならどうだ？」と料金を下げてきた。1000ペソなら安い。「その値段でいいよ」と返事をしようとした瞬間、ロドリゲスは私の声を遮るように話し始めた。

「山の上にプエブロ・ファンタスマって遺跡があるの知ってるか？」

「知ってるよ」

「ヒクリじゃなくて、そこに行くのでもいいぞ」

「その場合、ペヨーテはどうなる？」

「ヒクリはなしだ。ヒクリは荒地にしかないからな」

遺跡はすぐに却下した。はるばるカトルセまでやってきたのは、ペヨーテを食べるのが目的だからだ。翌日にペヨーテ探しに行きたいとロドリゲスに伝えたが、「明日は雨だから、行くなら今から出発したほうがいい」と言った。

たしかに明日の天気予報では、午後から40パーセントの降水確率だ。ロドリゲスの言い分は理解できるが、今から出発するというのはいくらなんでも急である。

なかなか即決しない私にしびれを切らしたのか、ロドリゲスは再び値段を下げてきた。

「750ペソでどうだ？」

この男は金に困っているのだろうか。値段交渉をしていないのに、最初の言い値から勝手に半額まで下がった。もう値切る必要はない底値に思えてくる。

私が承諾するとロドリゲスは馬乗り場に向かって歩き出した。30分前まで私は街を駆けずり回ってペヨーテの情報を探していた。それがいまではペヨーテを探すために荒地に向かおうとしている。偶然性こそが旅の醍醐味である。ロドリゲスのあとを歩きながら、私はそのことを実感していた。

荒野でのペヨーテ探し

「これから馬を連れてくるから、ここで待っててくれ」

馬乗り場に着くと、ロドリゲスはそう言い残してどこかに行ってしまった。ぼんやりと景色を眺めていると、すぐにアスファルトの上を歩く蹄の音が聞こえてきた。音のする方に視線を向けると、ロドリゲスが馬に乗りながら、一頭の馬を紐で引っ張ってきているところだった。

「馬に乗ったことあるか？」

「5回くらいは乗ったことある。合計で7〜8時間くらいは乗ったかな」

「それなら乗り方はわかるな」

引かれてきた方の馬にまたがり、手綱を手に取る。右、左、ストップ、早く走るときは馬の横腹を踵でコンコンと叩くか、ロープで叩く。馬について知っていることを伝えると、ロドリゲスは1時間もあれば着きそうだなと笑った。

私たちはカトルセを出発し、ペヨーテが自生している荒地へと向かった。

カトルセを出ると、山を下る石畳の坂になる。道幅は狭く、車が1台通ることができる程度しかない。そんな道が山の麓まで続いていく。遠くには荒地がうっすらと蜃気楼で掠れて見える。

ようやく長かった下り坂が終わると、平らな砂利道へと変わっていった。

両脇に岩山がそびえ立ち、どんどんと荒地に近づいていく。

「このペースで進んでいけば、あと20分もあれば荒地に着くはずだ」

ロドリゲスが馬に揺られながら教えてくれた。私はふと、水を持っていないことに気づいた。マテワラで出会ったマイクは、「ペヨーテを食べるなら水を持って行ったほうがいいぞ」と言っていた。どこかで手に入れた方がよさそうだ。「水を買いたい」とロドリゲスに頼んでみた。

「もう少し行ったところに小さな商店があるから、そこで買えばいい。ついでに少し休憩しよう」

それから少し進むと、すぐに小さな商店が現れた。馬から下りて、身体を伸ばす。久しぶりに馬に乗ったせいか、普段使わない筋肉を使ったせいか、両足や股が痛む。商店で水を購入したあとに外に出ると、ロドリゲスはタバコに火をつけて一服していた。私も同じようにタバコを吸いながら、周囲の風景を撮影する。そうやってしばらく休憩した後、荒地へ向けて再び走り出した。

集落を抜けると視界が一気に開けた。山の上から見ていた荒地の景色が、ようやく私の前に現れる。西部劇のような殺風景な景色が広がっており、まっすぐに伸びる砂利道を進んでいると、馬を走らせたい衝動が高まってきた。馬の横腹を踵でトントンと叩くと、馬はこの時が来るのを待っていたと言わんばかりに地面を蹴り上げて走り出す。すでに振り落とされそうなほど速度が出ているが、馬の横腹をさらに踵で叩いた。馬はさらに加速すると、飛ぶようにして前へ前へ進んでいく。

ふと後ろを振り返ってみると、ロドリゲスが米粒ほどのサイズになっていた。目を凝らすと、ロドリゲスは「戻ってこい」というように手招きしている。一本道がずっと続いているので、真っ直ぐ進んでいくと思い込んでいた。

「ここからは俺の後についていてきてくれ」

荒地まで馬に乗ってペヨーテを探しに行く

ロドリゲスのところに戻ると、そう不機嫌そうに言われた。

荒地の中の道なき道をどんどん進んでいく。荒野は広大で、途切れることなく地平線の向こうまで続いている。荒地に入ってからしばらく経つと、ロドリゲスは馬の速度を落とし、真剣な表情で下を見つめるようになった。どうやらペヨーテを探しているらしい。

「この辺りにペヨーテがあるのか？」

「そうだ。このあたり一帯にヒクリが生えている。馬に乗って探すのは大変だから、歩いて探すとしよう」

12時30分。私たちはようやくペヨーテが自生する荒地にたどり着いた。こわばった筋肉をほぐすためにストレッチをしていると、ふとある疑問が浮かんだ。ここでペヨーテを食べて、無事にカトルセまで帰ることができるのだろうか。馬に乗っているとはいえ、1時間ちょっとの長い道のりである。ペヨーテを食べるのが初めてなら、ペヨーテを食べて馬に乗るのも初めてである。調教されている賢い馬とはいえ、何事もなくカトルセに帰れるのか不安が襲ってくる。

ロドリゲスは馬を草木の枝にロープで結わえると、私のところにやってきた。

「準備はいいか？」

「もちろん」

ついにペヨーテ探しが始まった。

ペヨーテを探しているロドリゲス

広大な荒地の中をロドリゲスの後を追って歩き回った。しかし、ペヨーテはなかなか姿を現してくれない。ロドリゲスは焦る素振りも見せず、地面を観察している。

「ペヨーテは草木の周辺に自生している。すぐに発見できるときもあれば、見つけるのに時間がかかるときもあるんだ」

草木の周辺を念入りに探してみたものの、そう簡単には見つからない。

「すぐに見つかるさ。どこにペヨーテが生えているのか知ってるからな」

ロドリゲスは調子のいいことを言っていたが、ペヨーテを探し出すのに思ったよりも時間がかかっている。私はペヨーテ探しをロドリゲスに任せて、荒地の景色やサボテンの写真を撮ることにした。荒地にはペヨーテ以外にも多くのサボテンが生えている。その形は様々で、棘のあるものから棘のないものまで多種多彩だ。

サボテンの写真を撮っていると、「あったぞ！」と声が聞こえてきた。ロドリゲスの元へ駆けつけると、小さなペヨーテが土の中から顔を覗かせていた。それも1つではなく、仲よさそうに3つ並んでいる。想像していたものよりも随分と小さく、たこ焼きみたいなサイズである。

初めて見るペヨーテに感激していると、「このヒクリを食べたいか？」とロドリゲスが尋ねてきた。私はペヨーテの写真をさっと撮ると、ペヨーテを食べたいと伝えた。ロドリゲスはポケットからナイフを取り出すと、ペヨーテをさっとカットした。

150 センチほどの背丈のサボテン

こちらのサボテンは 30 センチほどと小さかった

「ペヨーテは根っこから抜くのではなく、土から出ている部分をカットする。ペヨーテを抜いてしまうと、もうそこから永久に生えてこないからだ。土から出ている部分のみをカットすれば、切られた部分は年月をかけて再生する。残った下の部分は土をかけて見えなくする。10年もすれば再び元の姿に戻るんだ」

そういうと、ロドリゲスはカットしたペヨーテを手渡してくれた。手のひらに載せたペヨーテをじっくり観察する。ペヨーテは色褪せた緑色をしているせいか、元気がなさそうに見える。指でつかんで力を入れてみると、思いのほか強い弾力がある。切り口の匂いを嗅ぐと、植物特有の青臭い香りが少しだけした。

ロドリゲスにどのくらい食べればいいのか尋ねてみた。

「初めてなら3つも食べれば十分だ。食べ過ぎると頭がフラフラして歩けなくなるからな。わははははは。とりあえず食べてみな」

ペヨーテに付着している砂を払うと、小さくちぎって口の中に放り込んだ。

手触り同様、弾力のある食感で、噛めば噛むほど苦みが口の中に広がっていく。噂通り、いや噂以上に強烈な苦味だ。例えるならば、苦さの極みとでもいえばいいだろうか。ペヨーテ以上に苦い食べ物を思い浮かべることができないほど苦い。ペヨーテといい、サンペドロといい、どうやらサボテンは味にクセがある植物のようだ。

ロドリゲスが見つけたペヨーテ。たこ焼きぐらいのサイズのものが３つ並んでいた

はるばる南米からペヨーテを求めてやってきたというのに、あまりの苦さにうずくまってしまう。なんとか半分を食べたものの、これ以上は無理だと身体が拒絶している。それでもペヨーテを小さく千切って口の中に放り込んだ。破片を噛んでいると、口の中に青臭い苦味がじわーっと広がっていく。噛まずに飲み込めば苦みを感じることもないだろうが、効果が弱まる気がしたので「よく噛んで食べるんだ」と自分自身を鼓舞した。そうしないと食べられないほど、最初のペヨーテは強烈に苦かった。

私が苦闘を続けていると、「おーい」という呼び声が聞こえた。

声のする方に目をやると、20メートルくらい離れたところでロドリゲスが手招きしている。どうやらまた新たにペヨーテをみつけたようだ。ロドリゲスのところに行くと、私が食べているペヨーテよりもさらに大きいペヨーテが2つ並んでいた。最初に発見したペヨーテと同様に土を被っており、頭の部分がちょっとだけ出ている。まるで人間から姿を隠しているように見える。

ペヨーテを観察していると、ロドリゲスが笑いながら話しかけてきた。

「エヘヘヘヘ。もっとヒクリ食べるか？」

「やめとく。まだ2つ残っているから」

2つ目のペヨーテを口に放り込んだ。

1口、2口とペヨーテを噛み締めていると、最初に食べたものと変わらない苦味に頭がフラフラ

ペヨーテを手のひらに載せてみた。小ぶりだが、強烈な苦みがある

してくる。このままではペヨーテを食べ切るのは不可能だと悟り、水分を含みながら食べてみることにした。ペットボトルの水を飲んだことで、少しだけ苦味が和らいだ気がする。「ペヨーテを噛む、水分を口に含む、ペヨーテを噛む、口内に溜まった水分を流す、ペヨーテを噛む、水分を口に含む」というローテーションでなんとか3つのペヨーテを完食することができた。

あくまで私の感覚だが、マジックマッシュルーム、アヤワスカ、サンペドロ、そしてペヨーテの順に苦味が強くなるように感じた。人によってはサンペドロやペヨーテよりも、アヤワスカのほうが苦いという人がいるかもしれない。ひとつ言えるのは、その3つは普通に飲んだり、食べたりするような味ではないということだ。

見えかけたビジョン

私たちはその後もペヨーテを探し続けた。ペヨーテを食べるのではなく、ただペヨーテを見つけて観察するだけだ。私もようやく自分でペヨーテを発見できた。小さなペヨーテが大地からひょっこりと顔を覗かせている。前を向いて歩いていたら、絶対に気づかないサイズである。

歩き疲れたこともあり、地面に腰を下ろしてぼんやりと景色を眺めることにした。筋肉痛ぎみの

私が発見したペヨーテ。表面だけがひょっこりと顔を出している

足を伸ばしてストレッチをしていると、ロドリゲスが私のところにやってきた。

「そろそろカトルセに戻るか？」

「いや、もう少しここにいたい」

私は荒地の環境がいたく気に入ってしまった。視界に入るすべてのものが動きを止めた、時間の針さえも止まっているような静かな場所である。自然音がなければ人工音も存在しない。

こんな静かな場所が、まだ地球上にあることが信じられなかった。現実という世界から取り残されてしまった大地。目の前の景色を眺めていると、徐々に視点が定まらなくなっていく。ピントの狂ったレンズを覗きこんでいるようで、視覚がどんどんボケてくる。そして頭の中にもうもうと霧が立ち込め始めると、意識がどんどん遠のいていった。

気分を取り直し立ち上がろうとしたが、身体は大地に根が生えてしまったようで、その場から動くことを許してくれなかった。胃の中が沸々と煮えくり返り、どんどん熱くなっていく。ペヨーテの破片が、胃の中を旅するように駆け巡ると、今まで変化がなかった景色が一転、目を覚ました。

空の上でぴたりと止まっていた雲が東の方へ流れていく。風の流れに乗った雲は徐々に灰色へと変色していく。大型扇風機のスイッチを入れたように突風が吹き乱れる。地面から生える草木は突風に煽られながら前後左右に踊り出した。

雲の隙間に黄金色の光線が走ると、耳を塞ぎたくなるほどの轟音が鳴り響いた。アメリカ大陸が

どこまでも続く荒地。私はここでペヨーテの洗礼を受けた

真っ二つに引き裂かれるほどの稲妻が大地に衝突する。空からポタポタと涙の雫がこぼれ落ち、剥き出しの肌を叩きながら涙が体内へと浸水していった。

枯れた荒地に涙が降り注ぐと、土の中からサボテンが「ニョッキ、ニョキニョキ、ニョッキ、ニョキニョキ……」と姿を現す。まるでタイムラプスの映像でも見ているように地上へ地上へとサボテンが土の中から突き出してくる。それも1つや2つではない。無数のサボテンが宇宙へと飛んで行きそうな勢いで生えてきている。

私はその勢いを利用して、なんとか地面から腰を上げることに成功した。しかし、足は生まれての鹿のようにふらふらしており、足取りがおぼつかず真っ直ぐ歩くことが困難だ。なんとか千鳥足で馬のところに戻ると、ロドリゲスが慌てて飛んできた。

「村に戻って雨宿りをしよう」

私たちは大地の悲しみから逃げるようにして荒地を後にした。

馬に揺られながら記憶の糸を辿る。もう少しここにいることができれば、「ビジョン」という世界に旅立つことができたはずだ。精神的にリラックスできていたし、なによりもペヨーテが私を受け入れ始めていた。視界がぼやけていき、意識が遠のいていくなかで、現実と非現実の境界線がうっすらと見えていた。しかし、その境界線を飛び越えるには、3つのペヨーテではメスカリンの量が足りなかったのかもしれない。自然という強大な力に「ビジョン」という聖域に進入することを拒まれ、無理やり現実世界に突き戻された気がした。

深酒をしてどうやって家に戻ったか記憶がないときと同じように、途中からどうやってホステルに戻ってきたのか記憶がない。気がつくとベッドの上に、布団もかけずに倒れていた。ゆっくりとベッドから身体を起こすと、部屋の中は暗闇に覆われていた。部屋の明かりをつけた後に外に出てみると、深海のような真っ暗な夜空に幾つもの星が煌々と光を放っている。その光景に見とれているると、荒地で目にした数々の出来事がすべて幻だったように思えてくる。

部屋に戻ると、荒地での記憶を思い出せる範囲で回想してみることにした。撮った写真を見返していると、カメラの液晶に荒地の風景が写し出された。次々とコマ送りをしていると、ペヨーテを手のひらに乗せた写真が写し出された。

ペヨーテを食べたのは覚えている。身体が動かなかったのも覚えている。涙が降ったのも覚えている。しかし、荒地を出てからの記憶がプツリと途絶えている。

再び荒野へ

昨日は不完全燃焼だったが、もう一度ペヨーテを食べれば「ビジョン」という聖域にたどり着けるだろう。雨という自然の力によって、その道を閉ざされてしまったものの、私は強い手応えを感じていた。天候にさえ恵まれれば、かつてないサイケデリック体験ができるはずだ。

スマートフォンで翌日の天候を調べると、一日中曇りのマークだが、降水確率は10パーセントということがわかった。曇りでも雨さえ降らなければ問題ない。

前日にペヨーテを食べたこともあって、この日は無理せずにのんびりと過ごすことにした。村を散歩しながら写真を撮り、観光名所などを回ってみる。ホステルに帰る途中、昨日の公園を通りかかった。公園のベンチではロドリゲスがカウボーイ仲間と雑談中だ。ロドリゲスと握手を交わすと

「昨日はどうだった?」と尋ねてきた。

「砂漠を出てからの記憶がないんだ。どうやって帰ってきたのか、途中から覚えていない」

「帰るときは無口だったからな。でも馬には乗れていたし、深く考え込まないことだ」

たしかに深く考えたところで、私の記憶が戻ってくることはないだろう。

「明日はどうするんだ? プエブロ・ファンタスマに行くんだろ?」

「そこも興味はあるけど、ペヨーテをもう一度食べたい」

「それだと全部で6時間くらいかかるな。もし荒地に行くなら10時にカトルセを出発するぞ」

10時の集合を約束して、ロドリゲスと別れた。

翌日に備え、これまでの儀式と同じように食事制限をすることにした。ロドリゲスは食事につい

てとくに何も言っていなかったが、肉類、糖分、カフェインを控えた。次にペヨーテを食べるまで1日しか空きがないので、どの程度効果があるのかわからない。しかし、少しでもその効果を引き出すために、できる限り空腹状態を維持した。

私に残されたメキシコ滞在期間は残りわずかだ。未練を残してこの地を離れたくない。中南米最後のサイケデリック体験を最高のトリップで締めくくりたい。

明けて翌日。午前中にペヨーテを食べるので、朝食は摂らずに待ち合わせ場所に向かった。空腹の状態を保っておけば、サンペドロを飲んだときと同様にメスカリンを吸収するのが早いと思ったからだ。約束の場所に10分ほど前に着いたものの、当然のようにロドリゲスは来ていない。10分前とはいえ早く着きすぎてしまったようだ。

公園のベンチに腰をかけていると、テンガロンハットを被った若いカウボーイがやってきた。

「ブエノス・ディアス、セニョール。馬に乗らないか？」

「別のカウボーイとプエブロ・ファンタスマに行く約束をしている」

そう伝えると、カウボーイはベンチから腰を上げて教会の方に去っていった。

若いカウボーイとすれ違うようにして、ロドリゲスが歩いてくるのが目に留まった。ロドリゲスは私の座っているベンチの前に来ると、挨拶も早々に話を切り出した。

「今日は雨の心配はなさそうだな。今から出発する。準備はいいか？」

「水は公園に来る前に買ってきた。今すぐにでも出発できるよ」

2度目のペヨーテ探しは、別の荒地で行われた。

ロドリゲスによると、ペヨーテはいろんなところに点在しているという。今日訪れた荒野はよほど多くのペヨーテが生えているのか、ロドリゲスは荒地に入ってすぐ1つ目のペヨーテを発見した。

「この辺で馬を停めて、歩いてヒクリを探そう」

馬から降りると、逃げ出さないようにロープを草木の枝に括り付ける。ロープを結びながらロドリゲスが聞いてきた。

「今日はどのくらいペヨーテを食べるつもりなんだ？」

「ウイチョル族は儀式のときにどれくらい食べる？」

「5つは食べるぞ」

「5つもサボテンを食べるのか……」

強烈な苦みのペヨーテを5つも食べるのは気が引ける。しかし、私は明後日の午後にはメキシコシティに戻らなければならない。ペヨーテを食べる最後のチャンスだろう。

私はロドリゲスにペヨーテを5つ食べたいと渋々伝えた。

今日のロドリゲスは調子が良いのか、次々にペヨーテを発見する。その度に私を呼び、どのペヨーテを食べたいか聞いてくる。私は前回食べた小ぶりのペヨーテよりも、さらに大きいペヨーテ

ペヨーテを探している最中、馬たちはおとなしく待機している

を食べたいと伝えた。ロドリゲスは大きめのペヨーテを探し出すと、ポケットの中からナイフを取り出しペヨーテをさっと切った。切り取った部分を私に渡すと、別のペヨーテを探しに向かった。

手のひらには、前回食べた3つ分のペヨーテよりも大きいサボテンが載っている。

まずは1口とペヨーテをちぎり口の中に放り込んで噛み締めた。

「………!?」

前回食べたペヨーテに比べると苦味が弱い。

水を口の中に含み口内に残っている苦味を流すと、再び破片を噛んだ。どうやらサイズによって苦みが異なるらしい。今回は苦戦することなく1つ目のペヨーテを食べ切ることができた。

ロドリゲスに食べ終わったことを伝えると、2つめの大きなペヨーテを手渡された。

5つのペヨーテを食べると伝えたが、それは小さいペヨーテのつもりだった。まだ1つしか食べ終わってないが、すでに前回以上の量を食べている。小さいペヨーテを食べたかったが、私の都合で犠牲になったペヨーテを無駄にするわけにはいかない。

渡されたペヨーテを口の中に放り込んだ。このペヨーテもそれほど苦くなかった。2つ目のペヨーテを食べ終わると、次は小さなペヨーテを食べたいと伝えた。大きさによって苦さに違いがあるのかを確かめたいと思ったからだ。しかし、前回の荒地と違い、見つかるペヨーテはすべて大きいサイズばかりだ。しばらく歩き回っていると、ようやくたこ焼きサイズの小さなペヨーテを見つけることができた。
ロドリゲスはナイフで素早く切り取ると、ペヨーテを私に渡した。小さなペヨーテということもあり、ちぎることなくそのままかぶりついた。

「…………！」

強烈な苦みが一瞬で口中に広がる。さっき食べた大振りのペヨーテに比べると圧倒的に苦みが強い。やはり苦みは大きさに反比例するのか。私はさらに小さいペヨーテをリクエストしたが、ロドリゲスは探し出すことができなかった。代わりに大きいペヨーテを食べてみたが、やはり苦味が弱く食べやすい。合計5つのペヨーテを食べ終わって得た結論は、小さいほど苦味が強く、大きいほど苦味が弱いというものだった。

鉱山村の廃墟

ペヨーテを食べた後は、次の目的地であるプエブロ・ファンタスマに向かって荒地を発った。
レアル・デ・カトルセはかつて銀鉱山で栄えたことがある。プエブロ・ファンタスマはその時代に建てられた村の廃墟で、現在では遺跡として観光名所になっている。

荒地を抜けて山道を上がっていると、馬が地面を蹴り上げる衝撃で胃の中が上下に揺さぶられる。上へ、下へ、上へ、下へと激しい動きに耐えていると、胃の中が熱を帯びたように暖かくなっていく。思った以上に早く効果が出てきているのは嬉しいが、プエブロ・ファンタスマに到着するまで楽しみはとっておきたい。馬に乗っている状態でビジョンの世界に入ってしまったらどうなるのか。馬から振り落とされないだろうか。馬は急に走り出さないだろうか。馬はちゃんと進んでくれるのだろうか。不安が募っていく。

プエブロ・ファンタスマへは、カトルセの街を経由して向かう。馬に揺られること1時間、予定よりも早くカトルセに戻ってきた。村へと続く細い1本道を登っていると、今まで通ってきた道に比べて障害物が道にたくさんあることに気づいた。石畳の路上には車やバイクが停まっている。そして路上を歩く人までもがいる。

ロドリゲスは人や車が少ない道を選んでくれたが、道は右へ曲がり、左に曲がり、通路が細かったりで気疲れしてくる。ペヨーテを食べていなければ、村の中を乗馬するのも楽しかったかもしれない。だが、今の私には荷が重すぎる。それでもなんとか手綱を握り、馬を右へ左へと誘導する。しかし、曲がり角をいくつか過ぎたところで、道の真ん中に車が駐車されていて、立往生してしまった。

「車が真ん中に停まっていて前に進めない」

カトルセへと続く山道。幻想的な光景だ

「問題ない。車の脇を通れ」

ロドリゲスは早く行け、とジェスチャーで示した。通り過ぎようにも、車と壁の間には1メートルも隙間がない。本当にこんなところを通れるのだろうか。私は大きく深呼吸すると、馬に進むように指示を出した。馬は車体に身体をぶつけ、壁に身体を擦らせながらなんとか通過することができた。

プエブロ・ファンタスマへと続く山道に近づくにつれ、村の民家は減り始めた。それに比例するように、道を塞ぐ障害物も減っていく。ようやく村を抜けると、プエブロ・ファンタスマへと続く山道の入り口に到着した。

山道を登っていくと、馬に異変が起こり始めた。人間を乗せて1時間以上も山を登っているせいか、馬の足取りが重くなり呼吸が乱れ始めている。ロドリゲスのロバをみると、目から生気が消え失せ、私の馬と同様に瀕死の表情を浮かべている。私はへばりかけている馬が心配になった。

「馬を休ませなくて平気か？」

「問題ない」

ロドリゲスからは非情とも思える短い返答が返ってきた。

山に登ってどのくらい経っただろう。いつのまにか視界が開けており、カトルセの村が見下ろせる場所にいた。

廃墟に向かう途中の山道にて。カトルセの村を一望できる

廃墟に向かう山道

山の麓に広がる村を眺めていると、UFOのような不思議な形をしていることに気づいた。村の遥か奥には、ペヨーテを食べた荒地がかすれて見える。その景色を眺めていると、随分と遠くまで来たのがわかる。どうりで馬がへばるわけだ。荒地を出てから1度しか休憩していない。馬に乗っている私ですら、身体がギシギシと痛んでいる。

馬の動きは山を登るたびにどんどん鈍くなっていった。石を敷き詰めた山道が負担になっているのか、蹄を滑らすことが増えてきた。脚に疲労が溜まっているのだろう。

しかし、ロドリゲスはそんな馬たちの様子をまったく気にも留めない。馬が休む素振りを見せると、鞭を使って馬を叩く。馬は残りわずかな力を振り絞りなんとか山を登っていく。再び馬の速度が落ちてくると、「もっと早く走れ！」という言葉の代わりに、鞭で馬を「バチッ、バチッン、バチッン」と叩く。叩かれた馬は力を振り絞り坂を登っていく。幾度もそんなやりとりが続いた。馬は全身が汗でぐっしょりと濡れており、今にも崩れ落ちそうだ。私は初めて、馬も人間と同じように大汗をかくことを知った。

山道を登りきると、目的地のプエブロ・ファンタスマが遠目に確認できた。

山の斜面にへばりつくようにして石作りの建築がいくつか並んでいる。

村と呼ぶにはあまりにも規模が小さい。

しかし、ペヨーテでキマった状態で見る遺跡は、格別の雰囲気を醸し出している。日常から遠く

鉱山の村の廃墟、プエブロ・ファンタスマ

離れた世界の片隅で、役目を終えた建物は長い眠りについているようだ。

カトルセも雰囲気がいいが、村には人々の暮らしがあり、ペヨーテを食べて「ビジョン」を見るには騒がしい環境である。プエブロ・ファンタスマのように異質な空間に身を委ねてこそ、私の自我はこの世から解き放たれ、メスカリンと融合することができるのだろう。

遺跡の入り口を抜けて奥に進んでいくと、ロドリゲスが話しかけてきた。

「着いたぞ。馬を建物の前で停めてくれ」

馬から下りると、タバコに火をつけてストレッチを始めた。長い時間、同じような体勢をしていたせいか、足や背中が固くなっている。馬が「もう歩かなくていいんだ」と安心したような眼差しをしているのが印象的だった。

ロドリゲスは荒地にいた時と同様に、馬が逃げ出さないように建物と馬をロープで結びつける。そして私のところにやってくると「20分くらい休憩しよう」と言った。1番疲れているのは馬たちに違いないが、ろくな休憩もせずにここまで来た私たちの疲労も相当のものだ。私はロドリゲスの提案を受け入れると、コンクリートの上にごろりと仰向けで横になった。

ついに現れたビジョン

プエブロ・ファンタスマに来るまでに随分と神経をすり減らしてしまった。特に村での乗馬はしんどかった。だが、やっと安らげる環境になった。重圧から解放されると、身体の中でペヨーテが本格的に目覚めた。

コンクリートの上で仰向けでいると、身体がふわふわと浮き始める。油断をしていると、手から離れた風船のようにスーッと上空まで飛んで行ってしまいそうだ。次第に目を開けているのが困難になり、こめかみ辺りが小刻みに痙攣を起こし始める。痙攣は決して不快ではなく、普段使わない神経を刺激されているようでむしろ心地良い。

目には涙が溜まり、ゆっくりと雫が頬を伝って流れていく。そしてまぶたが塞がっていくと、視界がどんどん白い光に覆われていった。しばらくそのままでいると、光の中に幾何学模様が現れた。次々と形を変えて、重なり合っていく幾つもの模様。最初はぼんやりとしていた幾何学模様は次第に鮮明さを増していき、ついには万華鏡を覗いているようにくるくると回り始めた。

「大丈夫か？　大丈夫か？　大丈夫か？」

上空から誰かが私に問いかけている。ゆっくりと目を開けてみると、ロドリゲスが私を覗き込むようにして立っていた。

「ヒクリの効果はどうだ？　効果はどうだ？　効果はどうだ？」

「最高だ！　最高だ!!　最高だ!!!」と頭の中で言葉が反響を起こす。

身体を起こして地面に足をつけると、ぐにゃりと地面が歪んだ。両足を地面につけて歩いてみるが、足元がふらついてまともに歩くことができない。私のおぼつかない姿を見て、ロドリゲスが心配そうな顔をしている。

「歩けるか？　歩けるか？　歩けるか？」

「ペヨーテを食べ過ぎたのかもしれない。食べ過ぎたのかもしれない。食べ過ぎたのかもしれない」

「大きなペヨーテを4つも食べたからな。4つも食べたからな。4つも食べたからな」

時間が迫っているのか、ロドリゲスが盛んに時計を確認している。

「遺跡探検ができないなら、カトルセに帰ろう。帰ろう。帰ろう」

「帰ろう」という言葉が頭の中で何度も繰り返される。ペヨーテが強烈に効いており、とても現実世界に戻れる状態ではない。

「俺は遺跡に残りたいから、先に戻ってくれ」

少しばかりのチップを払うと、ロドリゲスはロバと馬をつれてカトルセへと帰って行った。

遺跡の中に導かれるようにして舞い戻ると、異変が起こっていた。

崩れ落ちた建物の脇で生えていたサボテンが歩き回っており、まるで遺跡を警備しているかのように徘徊している。崩壊した建物の破片は宙に浮かんでいる。それも1つや2つではなく数え切れ

遺跡の入り口

ないほどの破片が遺跡の中を飛び回っている。なにより不可思議なのが、誰も住んでいないはずの遺跡の奥から聞きなれない言語が聞こえてくることだった。

徘徊しているサボテンに見つからないように、会話が聞こえてくる建物へと向かった。しかし、建物付近に着くと会話がぴたりと止んでしまった。私の存在に気づいたのだろうか。

建物の中を覗いてみると、そこには誰もいなかった。建物の中に入り腰を下ろして目を閉じた。しばらく目を閉じた後に、ゆっくりと目を開けて360度見回してみたが、岩の破片が飛び回り、サボテンが徘徊しているだけで、声の主たちは見つからない。

岩から腰を上げて立ち上がろうとしたが、遺跡はそれを許してくれなかった。いつの間にか私の身体は石化してしまい、遺跡の一部になっている。普段動くことができないサボテンや岩の破片が動き回り、普段動くことができる私が動けない。まるで異次元のスイッチを深く押しこんでしまったように私たちの意識は入れ替わっている。

その間にもペヨーテの効果はどんどん力を増していく。

すでに私は自分の意志では身体をコントロールできないほどメスカリンに支配されている。やはり朝食を抜き、空腹状態を維持してきたのが幸いしたのだろう。身体はペヨーテを上手く吸収できている。いや、私がペヨーテを食べたのではなく、ペヨーテが私を食べたという表現の方がぴったりの飛び方だ。

アマゾンで飲んだアヤワスカ以来の強烈なトリップに全身がゾクゾクしてくる。その興奮を抑えられなくなった魂は、身体からすぐにでも飛び出してしまいそうだ。

「ドクン、ドクン、ドクン、ドクン」

鼓動の高鳴りを抑えられなくなり、もはや目を開けていることが困難になった。そしてまぶたが塞がっていくと、視界は白い光に覆われていった。

しばらくして光の中に再び幾何学模様が浮かび上がった。色鮮やかな光線が弧を描き始める。模様は分解と形成を繰り返し、複雑に絡み合っていく。幾何学模様が空間を埋め尽くすと、ペヨーテにそっくりな円柱の曼荼羅が出現した。曼荼羅の中心部は円形になっており、眩いほどの光を放っている。その光を浴び続けていると、ペヨーテが覚醒し、強大な力によって私をビジョンの世界へと導いていく。

光の世界に3つのシルエットが現れた。

徐々にシルエットを認識できるようになると、赤・青・黄の極彩色の炎が燃え上がっているのがわかった。その3つの炎を囲むようにして小人たちが座っている。赤い小人、青い小人、黄色い小人。小人たちは大地にエネルギーを送り込むようにしてドンドン、ドンドンと地面を叩く。

大地は波を打ちウネウネと不規則に揺れている。燃え盛る3つの炎の先には、大空を覆いつくすほどの紅蓮の太陽があり、それが下界へ下界へと近づいてきている。小人たちは太陽に臆することなく大地を懸命に叩く。小人たちが太陽を呼び起こしているのか、あるいは太陽を遠ざけようとしているのかわからない。ついに太陽が大地に衝突すると、今まで何も存在していなかったように、閃光とともにすべて消滅してしまった。まるでペヨーテを食べて見るビジョンを表したというウイチョル族の毛糸絵「ニエリカ」さながらの視覚体験だった。

気がつくと辺りは薄暗くなり始めており、遺跡の上は青い空で覆われていた。幾何学模様が現れることもなければ、「ビジョン」も消滅してしまったようだ。メスカリンから解放された私は、ゆっくりと立ち上がった。大地に足をつけて歩いてみると、地面はもう歪むことはない。

遺跡の中を歩いていると、サボテンが生えていたが動き出す気配は微塵も感じられない。岩の破片も動くことなく、初めからそうだったように地面に転がっている。小人たちの姿はどこにも見当たらなければ、火が焚かれていた形跡もどこにも残ってない。ただ朽ち果てた遺跡が、時を刻むのを放棄し、ひっそりと佇んでいるだけだ。

帰る途中にカトルセの村を見下ろせる眺めのいい場所に腰を下ろした。麓に広がる村をぼんやりと眺めていると、村の教会から「カラーン、カラーン、カラーン、カラーン」と鐘の音が聞こえてきた。ローファイスピーカーからマリアッチのギターやトランペットの賑やかな音色が飛び出してくる。明るい笑い声、車の走行音、家畜の鳴き声、村がざわめきたつと、日常の世界にみるみるうちに引き戻されていく。そしてペヨーテの効果が薄れてきたころ、オレンジ色の暖かな明かりが灯る「現実世界」へと帰る決心がついた。

ホステルに戻ってから長い長い夜を迎えた。

サイケデリック体験をすることはなかったが、ペヨーテを食べ過ぎたのだろう。瞳孔が開き、瞬きを忘れてしまうほど瞼が開けっ放しの状態だった。

いつの間にか夜が明けていき、空は徐々に明るみを増していく。

カトルセが眠りから目を覚ましたころ、私の「ビジョン」を巡る旅はようやく幕を下ろした。

おわりに

本書ではこれまで、私が中南米を旅する中で経験した幻覚植物の儀式について記してきた。

ご存知の通り、幻覚植物は日本をはじめとする多くの国で摂取することはもちろん、所持することすら非合法化されているという現状がある。しかし、実際に中南米を訪れてわかったことだが、現地では快楽を求めて幻覚植物を使用する、といった話は耳にしたことはない。いわゆるドラッグとは別の次元の存在――それがマジックマッシュルームであり、アヤワスカであり、サンペドロであり、ペヨーテだった。

シャーマンの儀式を受けるまでは、正直、私も不安があった。

幻覚というと、どうしても危険なイメージがつきまとう。場合によってはトリップから戻ってこれなくなるかもしれない。そんなことを考えると不安で不安で仕方がなかった。

だが、儀式を受けるたびに「幻覚植物＝危険」だというイメージは、言葉が独り歩きしているのではないか、と感じるようになった。今回の旅では数え切れないほどの幻覚植物を体験したが、世間で言われているような実害を受けることはなかったからだ。

だが、そうかと言って幻覚の恐ろしさを否定することはできない。

実際に現地では、アヤワスカを使ったレイプ事件や殺人事件が起きたりしている。BBCが報じたところによると、私がアヤワスカを体験してから半年ほど後には、アヤワスカを飲んだ観光客が殺人事件を起こしたという。

イキトスで仲良くなった地元の女の子は、「信用している人たちとしかアヤワスカは飲まないわ。レイプされるのが怖いからね。絶対に知らない人たちとなんか儀式を受けたくないわ」と言っていた。シャーマンの元で儀式を受けたとしても、問題が起きてしまうケースは少なからずあるようだ。儀式を受けに行く場合は、その点に注意をしていただきたい。

さて、本書の中でも繰り返し述べたが、幻覚植物にはその者の人生観を変えるほどの「ビジョン」を見せる力があると言われている。

私の場合は、どうだったのか。人生を変える「ビジョン」を見ることはできたのか。

「ビジョン」と呼べるようなものは、たしかに何度か見ることができた。アヤワスカの儀式では部屋にいながらにしてジャングルの中に迷い込んでしまったし、ペヨーテを服用したときは「エリニカ」さながらの視覚体験をすることができた。

しかし、人生観が変わったかと聞かれると、正直、答えは出ない。

ただ、数々の儀式を受けたことで明確に変わったことがある。

私は今までスピリチュアルな世界に惹かれることはなかったが、そういった世界にも興味を抱くようになった。

ウアウトラで出会ったフリエタの言葉、「自分のスピリットに感謝すること」。

そして、アンデスのシャーマンが教えてくれた「大地との繋がり」。

この2つの言葉は、中南米の旅を終えた今でも大切にしている。

いま思えば、私にとって幻覚植物の儀式は、精神と肉体を浄化するための儀式だった。だが、精神と肉体の浄化は幻覚植物だけにしかできないわけではないことも知った。

人間の生活圏から距離をとり、自然に囲まれた場所に足を運ぶ。日常という忙しない生活環境から自身を切り離し、静寂の環境で過ごす時間は極上のひと時である。自然の中に身を委ねることができれば、精神と肉体を清めるのに幻覚植物を摂取する必要はない。

数々の幻覚植物を体験したが、その後、日常生活に問題が生じることは一度も起こっていない。何度も書いてきたが、現地では治療として使われるだけあって、後遺症に悩まされることもなければ、素面で幻覚を見たり、幻聴が聞こえたことも一度もない。もちろん禁断症状も皆無だ。個人的には中毒性はまったくないと言い切れる。現地の人々が言っていたが、そもそも幻覚植物は必要な時に使うもので、常用するものではない。

サイケデリックを通して見た世界。そこには普段行くことができない、もう一つの世界が存在していた。神秘の幻覚植物という自然の力を借りて、境界線を飛び越えていく。内なるビジョンを探りながら、未知なる世界の扉を開く。それは極めて貴重な体験の連続だった。

本書が未知なる世界を探求される方々の参考になれば、望外の喜びだ。

最後に、本書の表記について書き記しておきたい。本書では中南米の原住民の方々を表すときに「インディオ」という表現を使っている。これは他にふさわしい名称が見当たらなかったからで、差別的な意図は一切ないことを申し添えておく。

２０１９年７月　フリオ・アシタカ

著者紹介

フリオ・アシタカ

ライター＆フォトグラファー。アメリカで高校認定資格を取得後、コミュニティーカレッジを経て、サンフランシスコの美術大学で写真の学位を取得。卒業後、レンタカーを借りてアメリカを横断。その後、2016年11月から中南米旅行に旅立つ。2019年10月にはイギリスのCarpet Bombing Culture社より写真集『Colossus. Street Art Europe』を出版。現在も東南アジアやヨーロッパを旅しながら写真を撮り続けている。

神秘の幻覚植物体験記

～中南米サイケデリック紀行～

2019年8月23日　第1刷

著　者　フリオ・アシタカ

発行人　山田有司

発行所　株式会社　彩図社
東京都豊島区南大塚3-24-4
MTビル　〒170-0005
TEL：03-5985-8213　FAX：03-5985-8224

印刷所　シナノ印刷株式会社

URL http://www.saiz.co.jp Twitter https://twitter.com/saiz_sha

©2019. Julio Ashitaka Printed in Japan.
ISBN978-4-8013-0390-4 C0026

落丁・乱丁本は小社宛にお送りください。送料小社負担にて、お取り替えいたします。
定価はカバーに表示してあります。
本書の無断複写は著作権上での例外を除き、禁じられています。